中小企業の
IT担当者
必携

本気の
セキュリティ
対策ガイド

ストーンビートセキュリティ株式会社

佐々木伸彦　著

技術評論社

はじめに

「セキュリティ対策って、結局、何をやったらよいのか全然わからないんです」
「対策に費用をかけても効果が見えない。お金をかけてやる意味あるの?」
「実際、うちの会社にサイバー攻撃なんてくるの? 何の得もないと思うよ」
「ウイルス対策やファイアウォールを入れているから大丈夫じゃないの?」

　普段、こういった疑問や質問、相談を非常に多く受けます。これらは、攻撃者の意図や狙い、リスク管理や情報セキュリティの本質的な考え方を理解していないと、自然と沸き起こる疑問ですが、情報セキュリティを推進する多くの担当者が同じような疑問を抱えています。

　情報セキュリティは、本当に大変な仕事です。組織における情報資産の洗い出し、資産管理、脅威に関する情報収集、日々公表される新しい脆弱性の調査や対応、関係会社や取引先からのセキュリティ要件に対する対応等々。ただでさえ日常業務が多いのに、セキュリティ事故が発生したら、その火消しのための緊急対応や原因調査、再発防止策など、さらにやるべきことは膨らんでいきます。

　これだけ多くのことを考えながら、やるべきことを推進するというのは、容易ではありません。また、情報セキュリティの推進を、経営層や上司から、担当者任せにされて、孤軍奮闘している方も多くいると思います。正直、何から手を付けたらよいかわからなくなり、途方に暮れている方もいることでしょう。

　情報セキュリティ対策は「対策製品を導入すること」ではありません(対策製品の導入は、リスク対応の一部分でしかありません)。情報セキュリティの推進とは、組織における情報セキュリティリスクを特定し、対応すべき優先順位を明確にしたうえで、リスク対応を行うことです。しかし、これらリスク管理や情報セキュリティ対策の考え方、推進方法などについて、会社の上司や先輩などから説明されることは、ほとんどありません。それは、上司や先輩もわからないからです。また、リスク管理や情報セキュリティの推進について理解している専門家が社内にいないためです。

　では、専門家がいなければ、情報セキュリティの推進はできないのでしょうか。もちろん、そんなことはありません。情報セキュリティに関する基本的な考え方を理解し、有用な情報やツール、ノウハウを活用すれば、専門家がいない組織でも、対策の推進は十分に可能です。

本書は、自社に情報セキュリティの専門家や精通した人がいない場合でも、セキュリティ対策を組織的に推進することができるよう、押さえておくべき情報セキュリティの基礎知識や考え方、対策推進の進め方や手法、ノウハウなどを紹介していきます。また、すぐに活用可能なツールやチェックシート、報告書、ガイドラインなど、有用な情報も紹介します。

●本書の対象者

・自社の対策に漠然とした不安を抱えているが、何から手をつければよいかわからない方
・社内で情報セキュリティに関する相談をできる人がいなくて、孤軍奮闘している方
・上司や先輩からセキュリティ対策の検討や推進を丸投げされて困っている方
・情報セキュリティに詳しい担当者が会社を辞めてしまったら、と不安を抱えている方
・情報セキュリティの担当になり、右も左もわからず不安を抱えている方

●本書の対象組織

・社内に情報セキュリティの専門家がおらず、有効な対策の推進ができていない組織
・情報セキュリティリスクを評価したことがなく、リスクを可視化できていない組織
・対策製品を導入しただけの、形だけの中途半端な取り組みになっている組織
・組織的な情報セキュリティ対策を本気で推進したい組織

●本書の活用方法

　本書は、「基礎編」「実践編」「エピローグ」「参考資料」で構成されています。

・基礎編
　情報セキュリティに関するよくある質問・素朴な疑問に対する解説や情報セキュリティの推進に欠かせない基本的な用語、考え方などを紹介します。
・実践編
　セキュリティ対策を推進するうえでの具体的な実施事項や進め方、実施例などについて解説をしています。少し難しい項目もありますが、すぐに活用できるツールやシートなどの情報も紹介します。
・エピローグ
　「経営者の方へお伝えしたいこと」として、企業の経営を担う経営者の方々に知って頂きたいことや真剣に取り組んでほしいポイントを紹介します。

● 情報セキュリティを推進する担当者の方へ

　情報セキュリティの担当者になったばかりの方や、情報セキュリティの知識に不安がある方は、「基礎編」で情報セキュリティの基本知識や考え方を整理してから、「実践編」を読み進めるとよいでしょう。すでに情報セキュリティに取り組まれていて、基本的な知識や考え方を持っている方は、「実践編」から読み進めながら、現在の対策推進において実施できていないことを中心に、自社での実施方法を検討してみてください。

　また、「エピローグ」を経営者の方に読んでもらい、経営者をしっかりと巻き込んで対策を推進しましょう。

● 経営者の方へ

　経営者の方は、ぜひ本書のエピローグ(P.151)を読んでください。情報セキュリティリスクは、ビジネスリスクであり、本気で取り組むべき経営課題の1つです。情報セキュリティ対策に対する経営者の本気度が、今後のビジネス成長を決めると言っても過言でありません。

　組織のトップである経営者の意識は、会社の意識に直結します。情報セキュリティの推進において、経営者としての役割と責務を認識し、会社の先頭を切って、取り組むべきことを確認しましょう。担当者任せとならないよう、組織的な対策の推進をお願いします。

　「人がいないから」「お金がないから」「専門知識がないから」とさまざまな理由で、これまで本気でセキュリティ対策に取り組めていなかった組織や、なんとなく対策製品を導入し、形だけの中途半端な取り組みになっている組織。また、日々、情報セキュリティに関する業務に奮闘している方、これから情報セキュリティの推進を担当することになり不安を抱えている方、また、自社のセキュリティ対策について何から実施すればよいかわからないという経営者の方まで、本書が情報セキュリティを「本気」で推進する方々の一助になれば幸いです。

● 謝辞

　本書の執筆にご協力いただいたストーンビートセキュリティの橋本光三郎さん、相原弘明さん、宮澤亜希子さん、渡辺正人さん、社員の皆さん、本当にありがとうございました。技術評論社の取口敏憲様には根気強くご対応をいただき、深く御礼申し上げます。最後に、いつも明るく楽しく献身的に支えてくれる家族に心から感謝します。

2019年12月

佐々木伸彦

目次

Part 2　実践編　67

第5章　情報セキュリティ対策の全体像を理解しよう　68

第6章　基本方針と体制図を作成しよう　76

Part 1

基礎編

第 1 章
今さら聞けない
情報セキュリティの疑問

　もし社長や上司から、セキュリティ対策について「本当に必要なの?」と質問をされたとき、どのように答えますか? あなたは、これから始めようとする情報セキュリティの仕事を本当に理解していますか?

　本章では、情報セキュリティ対策を始める前に、基本的な内容を素朴な疑問形式で説明します。まずは、質問文について自分でどのように答えるのか考えてから本文を読み進めてみてください。

Q1.　うちの会社にもサイバー攻撃ってくるの?

　はい、サイバー攻撃はあなたの会社にもきます。あなたの会社(の機器など)がインターネットに接続されているのであれば、もれなく攻撃はやってきます。実際に、サイバー攻撃はすでにきているはずです。

　サイバー攻撃には、特定の組織を標的とした「標的型サイバー攻撃」と不特定多数を狙った「無差別型サイバー攻撃」があります。前者は特定の組織や国家、重要インフラ関連企業を狙った攻撃ですが、実際に発生している多くのサイバー攻撃は後者です。

　無差別型サイバー攻撃とは、組織の事業や規模に関係なく、インターネットに接続されているシステムを片っ端から攻撃してまわるものです。その攻撃の状況をリアルタイムで確認できるWebサイトがあります。

サイバー攻撃の状況がわかるサイト

　NICTER(図1-1)は、日本の情報通信研究機構(NICT)が公開しているサイトです。サイバー攻撃をリアルタイムに可視化しています。ダークネット(システムが利用していない未使用のネットワークアドレス)から、日本に対して向かってくるサイバー攻撃を可視化しています。今この瞬間も、日本に対して大量の

図1-1：NICTER（**URL** https://www.nicter.jp/）

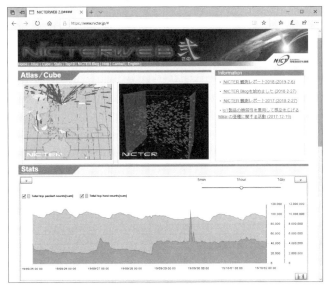

図1-2：Digital Attack Map（**URL** https://www.digitalattackmap.com/）

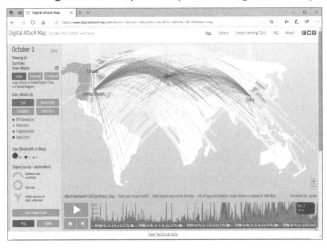

攻撃が発生していることが確認できることでしょう。

　Digital Attack Map（図1-2）は、米国のJigsaw（旧Googleシンクタンク）とArbor Networksが運営するサイトで、サイバー空間で発生しているDDoS攻撃（Distributed Denial Of Service；サービス妨害攻撃）の状況を可視化し

ています。DDoS 攻撃は、標的となるシステムに対して大量のデータ（通信トラフィック）を送り付けて、システムやサービスの稼働を妨害する攻撃です。大量の妨害通信によって、通常の利用者は、対象のシステムやサービスへアクセスできなくなります。

　インターネット上で不特定多数に公開している自社システム（Web サイトやメールサーバなど）がある場合には、それらのアクセスログ（接続履歴を記録したファイル）で、大量のログイン試行や不審接続履歴などを確認できることでしょう。

脆弱なシステムを探し回る行為とは

　泥棒が鍵のかかっていない家を片っ端から探しまわる行為と似ています（オレオレ詐欺の犯罪者グループがどこかから入手した名簿に従い、片っ端から電話をかけまくる行為とも似ているかもしれません）。仮に自宅にいたとしても、昼寝でもしていたら寝ている間に大事なモノを盗まれてしまうかもしれません。現実の世界では、泥棒が町中を確認して回るのは、時間的にも体力的にも簡単ではないので行動範囲に限りがありますが、インターネットの世界では労力もスピード感も圧倒的に違います。

　また、サイバー攻撃を仕掛けている攻撃者たちは、PC の前に四六時中座っているわけではなく、調査活動や攻撃試行を自動化したプログラムやツールで効率的に実行しています。そのため、インターネット上に新たにシステムを接続して公開した場合、数分以内にサイバー攻撃がやってくることもあります[注1]。この際、システムに脆弱性[注2]があると（残っていると）、システムに対するセキュリティ侵害（不正侵入や改ざん、妨害行為など）が発生します。

　サイバー攻撃者たちは、自動的かつ網羅的にサイバー空間をスキャンして、脆弱なシステムを常に探しているため、あなたの会社のシステムに対しても、サイバー攻撃は「くる／こないの問題」ではなく、いつくるかという「時間の問題」なのです。

注1）高速なネットワークスキャナと必要なネットワーク帯域があれば、インターネット全体のIPアドレス（IPv4アドレス空間）をスキャンすることは6分未満で可能と言われています。

注2）脆弱性とは、システムやプログラムの欠陥のこと。セキュリティホールとも呼ばれます。

┤ Column ├

「情報セキュリティ」と「サイバーセキュリティ」

　情報セキュリティとは「情報の機密性、完全性、可用性を維持すること」です。情報セキュリティマネジメントシステムを規定したISO/IEC 27032:2012では、サイバーセキュリティとは「サイバー空間において機密性、完全性、可用性の確保を目指すもの」と定義されています。つまり、サイバーセキュリティは、情報セキュリティの一部と言えます。

　また、日本の「サイバーセキュリティ基本法」では、サイバーセキュリティは次のように定義されています。

> 「サイバーセキュリティ」とは、電子的方式、磁気的方式その他人の知覚によっては認識することができない方式(以下この条において「電磁的方式」という)により記録され、又は発信され、伝送され、若しくは受信される情報の漏えい、滅失又は毀損の防止その他の当該情報の安全管理のために必要な措置並びに情報システム及び情報通信ネットワークの安全性及び信頼性の確保のために必要な措置(情報通信ネットワーク又は電磁的方式で作られた記録に係る記録媒体(以下「電磁的記録媒体」という)を通じた電子計算機に対する不正な活動による被害の防止のために必要な措置を含む)が講じられ、その状態が適切に維持管理されていることをいう。

　法律の定義なので、用語や文章が難解ですが、「不正な活動による被害の防止のために必要な措置を含む」という言葉から、悪意ある攻撃者からの不正な活動(サイバー攻撃など)による被害を防止するために必要な対策を行うことと言えます。

Q2．うちの会社を攻撃しても何の得もないと思うけど?

サイバー攻撃者が狙っているものは、機密データなどの情報だけではありません。

サイバー攻撃を仕掛ける際に、攻撃者がもっとも注意して行動することは、身元が特定されないようにすることです。当然、サイバー攻撃は法に触れる犯罪行為なので、実行者が特定されれば捕まります。そのため、サイバー攻撃者は、自分の身元が特定されないよう、隠れ蓑となるシステムを探して悪用します。この際に狙われるのが、インターネットに接続された脆弱なシステムです。

攻撃者が脆弱なシステムを発見し、システムへログインできた場合、攻撃者はシステムの侵害行為（情報の詮索や搾取）だけでは終わらず、他のシステムを攻撃するための「踏み台サーバ」として悪用します。

踏み台サーバとは

侵入できたシステムを次の攻撃の中継点とすることです（図1-3）。攻撃者は踏み台サーバを悪用することで、攻撃の発信源を隠蔽できます。サイバー攻撃を受けた組織からは、踏み台サーバ（の組織）から攻撃されているように見えるため、「加害者」として犯人扱いされてしまうこともあります。

図1-3：踏み台サーバ

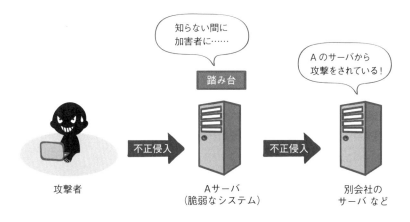

　実際に踏み台サーバとして悪用されて、第三者へ迷惑メールを大量に拡散した事例や、顧客企業への不正侵入の経路になってしまった事例などがあります。Office 365などのクラウドサービスのアカウントが不正侵入され、顧客や親会社、監督省庁へ不審メールが大量に拡散されてしまった例など、ビジネス上の信頼関係にも影響しかねない重大事案も発生しています。

価値のある情報がないとしても

　自分の組織には、価値ある情報が何もないと考えてセキュリティ対策を怠っていると、気がつかない間にサイバー攻撃の発信源となり、世界中を攻撃している加害者になってしまうかもしれません。世間は、サイバー攻撃を受けた被害者とは同情してくれず、システムが侵害されるような脆弱な組織として、あなたの会社を見ることでしょう。

　攻撃者にとっては、情報だけではなく、自分たちの攻撃の手先として悪用できるシステム自体に価値があるため、こういった悪用できるシステムを大量に保有したいと考えているのです。

Q3. ウイルス対策ソフトを導入しているけど、これだけじゃダメなの?

　セキュリティ対策として、ほぼすべての組織で実施していることと言えば、「ウイルス対策ソフトの導入」ではないでしょうか。最近では、パソコンを購入すると最初から導入されている場合もあります。しかし、ウイルス対策ソフトは、特徴や機能を正しく理解しておかないと、導入しているだけで安心とは言えません。

　ウイルス対策ソフトは、過去に特定したマルウェア[注3]をブラックリストとして定義した「定義ファイル[注4]」を活用して、マルウェアを検知しています。

　世界中で発見された新種のマルウェアを検知するためには、定義ファイルの更新が欠かせません。通常、定義ファイルは自動的にアップデートされるため、インターネットに接続されてさえいれば、利用者の手動作業は必要なく、最新

注3）悪意あるソフトウェアの総称。コンピュータウイルスのほか、スパイウェアやワームなども含まれます。
注4）ウイルス対策ソフトのメーカーによって「シグネチャ」や「DATファイル」といった別の呼び方もされます。

の定義ファイルに更新されます。しかし、インターネットに接続されていない社内端末や、自動更新の時間にパソコンが長期間起動されていない場合は、自動アップデートによる定義ファイルの更新がされず、最新のマルウェアを検出することができません。定義ファイルを更新していれば検出できていたマルウェアに感染してしまったというケースは意外と多く、注意が必要です。

きちんと更新しているウイルス対策ソフトでも検知できない場合とは

サイバー攻撃者は、ウイルス対策ソフトの特徴や機能を分析し、検知を回避するためのテクニック（マルウェアを改変するなど）を使ってくることがあります。また、ダークウェブ（通常のインターネット検索では確認や接続できないWebサイト）などで販売されているマルウェア作成ツールには、検知回避機能が備わっているものまであります。

標的型サイバー攻撃などでは、ウイルス対策ソフトに検知されないようなマルウェアを巧妙に準備し、組織への不正侵入を試みてくるため、ウイルス対策ソフトの導入だけで万全とは考えず、万一検知できなかった場合に、別の検出手段や対策（ネットワーク通信を可視化する、不審な通信を検出したらブロックする、内部から外部への通信経路に認証を設けるなど）を多層的に考えることが重要です。

Q4. 最新の対策製品を導入しているから、うちの会社は安心じゃないの？

セキュリティ対策製品を販売する営業マンは、今の流行りとばかりに最新のセキュリティ製品をはりきって紹介しにきます。しかし、製品を売りたいがために、顧客に直接的には関係しないホラーストーリーを過剰に並べ立てて、少し大袈裟に不安を煽る場合もあるので注意が必要です。

対策製品の目的や機能を理解し、自らの組織における明確なリスク対応として採用するのであれば、大いに効果が発揮されるかもしれませんが、世の中で流行っているから、または不安を煽られて心配になったから、という曖昧な理由で導入してしまうと、導入効果が測れないばかりか、投資効果も把握できません。実際に、製品を導入した現場において、機能を活用しきれず、高価なセ

キュリティ対策製品が「宝の持ち腐れ」となるケースを、数多く見てきました。

対策製品の機能を発揮するには

　対策製品の機能だけを取り上げて確認すると、どれもこれも非常に良く見えますが、単一の対策製品で、すべてのリスクが対応できるような魔法の箱は存在しません。基本的にはリスク対応を支援するツールでしかありません。それらの機能は、日々の運用や点検・改善といったPDCAを回すことで、本来の効果を発揮します（図1-4）。

　セキュリティ対策で、対策製品などのモノから入るセキュリティは、本来対応すべきリスクを見落としている場合があるため、危険です。製品の導入を検討する場合は、自社でかかえているリスクに対して、何の対応として効果を発揮するのか（対策製品で対応できるリスクは何なのか）を見極めることが重要です。

図1-4：セキュリティ対策はPDCAで

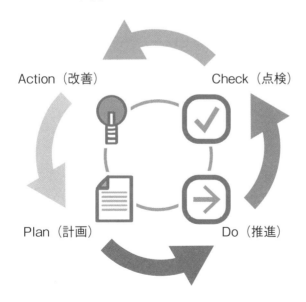

Q5. セキュリティ事故は一度も発生していないけど、それでも対策って必要？

これまで、セキュリティ事故（インシデント）が一度も発生していないことは、非常にすばらしいと言いたいところですが、本当に発生していないと言い切れますか？ フィッシングメールや標的型メールなど、ソーシャルエンジニアリングと呼ばれる人の心理を巧みに突いたサイバー攻撃なども巧妙化しているため、ファイアウォールやウイルス対策ソフトなどを導入しているだけで、大切な情報資産を守り切ることは難しくなっています。

もしマルウェアに感染してしまった場合でも、パソコンの動作上では目に見える変化は何も起こりません。また、クラウドを活用している企業では、守るべき情報が組織の外にもあることから、クラウドサービスの利用状況をユーザ毎に把握する仕組みがないと、問題が見えてこないことも考えられます。

実は攻撃に遭っている場合も

実際に、サイバー攻撃の被害に遭った組織の多くは、外部（第三者）からの連絡でインシデントを認知しています。その後の調査で、実は1年以上も前から侵入されていたというケースも珍しくありません。サイバー攻撃がすでに組織の中で進行していたとしても、ユーザの行動やネットワーク通信を可視化し、ログ分析などで状況把握を定期的に実施しないと、自ら気づくことは容易ではありません。報告がないからインシデントは発生していないという受動的な姿勢は注意が必要です。

インシデントを早期に発見できなかった場合、甚大な被害が発生する場合もあります。「すでに攻撃者が侵入しているかもしれない」「何かしらのインシデントが発生しているかもしれない」という前提に立って、能動的に探索し、早期発見と迅速な対処が可能となる対策の推進が重要です。

Q6. そもそもサイバー攻撃って誰が何のために やっているの?

インターネット上には、さまざまな事情を持った人や組織が繋がっているので一概には言えませんが、おもな目的は次の3つに集約されると言われます。

・好奇心(自己顕示、名声、腕自慢)
・お金儲け(ビジネス、経済的優位性)
・思想(政治的活動、社会的抗議)

一昔前は、ITに精通した腕に覚えのある個人が、システムへの不正侵入や不正行為を好奇心や腕自慢を目的とした「遊び」として行っていました。自己顕示や名声といった自己満足のためのハッキングとも言えます。かつてハッキングをしていた人たちは、善悪や犯罪に対する一般的な分別を持ち合わせた、普通の人(好奇心が強い技術屋)でした。

ところが、インターネットの利用が広く一般の人や企業にも普及し始めたころから、犯罪的なハッキング行為が徐々に横行するようになってきました。また、ハッキングする主体も個人からプロの集団に変わっていきます。現実世界のプロの犯罪者集団が、活動場所をインターネットに移したことで、犯罪行為が「銃とマスクで銀行(店舗)を襲っていた」時代から「パソコンとインターネットで(個人や企業の)ネットバンキングを襲う」時代に変化したと言えます。

あらゆるものが売買されるダークウェブ

また、現在では、ダークウェブなどであらゆるものが売買されており、個人情報やクレジットカード情報からサイバー攻撃に関する情報やマルウェア作成ツール、ハッキング支援システムなど違法なものまで、ビジネスになっています。なかには、サイバー攻撃の代行やボットネットを貸し出すようなサービス、ランサムウェアのように感染したシステムのデータを勝手に暗号化して復号するために金銭を送金させるようなアフィリエイトビジネスも存在します。

かつては、パソコンの動作を妨害していただけのマルウェアが、利益を上げ

ることができるビジネスツールに進化しました。つまり、サイバー攻撃は儲かる市場（マーケット）で、お金儲けを目的としてハッキング行為やサイバー攻撃に関わる人が多いのが現状です。

　サイバー犯罪やサイバー攻撃には国境がなく、いつでもどこでもインターネットを介して悪意を持ったサイバー攻撃者と繋がっているという認識を持っておきましょう。

五輪開催を目前にした日本が狙われているってホント？

　日本がとくに狙われているという事実を示すことは難しいですが、サイバー攻撃者は、ネットワークに接続されている脆弱なシステムを狙っているため、「IT環境が進んでいる一方でセキュリティ対策が不十分」という状況は、日本にも当てはまるとも言えます。多くのITデバイスが接続されている日本のシステムやネットワークを攻撃し、不正侵入できた脆弱なシステムを踏み台に、さらに別の国を攻撃するといったことは、容易に想像ができます。

　また、大きな国際イベントが開催される際には、世界中からイベント開催を妨害するサイバー攻撃が増加すると言われます。逆に、国家の威信がかかった国際イベントを、サイバー攻撃で妨害されないために情報セキュリティを万全に対策しようという機運も高まります。

Q7. 対策の必要性はわかったけど、具体的に何から始めればいいの？

　まずは、自社の守るべき情報資産を整理することから始めるとよいでしょう。自社にとって守るべき情報資産とは、事業継続や事業成長のために欠かせない事業の根幹となる資産のことです。会社にとって、失うと事業が立ち行かなくなるような大事な情報資産は何か、と考えるとよいでしょう。

　そして、それらの情報資産に対する脅威への対策を進めていきます。流行りの対策製品を導入することではなく、リスクを評価し、特定されたリスクに対して必要な対策を推進してください。

うちの会社は小さいので、セキュリティ対策に人もお金もかけられません

こういう声をよく耳にします。企業の規模に関係なく、セキュリティ対策に対するリソース（経営資源）のかけ方は、いつでも大きな課題です。かけるべきリソースを判断するためにも、まずは取り扱う情報資産の価値（重要性）やリスクを評価する必要があります。セキュリティ意識の高い（またはセキュリティインシデントを経験したことがある）経営者は、セキュリティの必要性をよく理解しているため、セキュリティにかかる費用をコストではなく、事業成長のために必要な投資と考えています。

セキュリティ対策は、企業経営に必須となる危機管理の一環です。対応すべきリスクに対してリソースが不足しているのであれば、その事業を止める（＝リスクを回避する）という判断も必要になってきます。

企業経営として危機管理を行うためには、適切に情報資産とリスクを評価し、かけるべきリソースを適切に認識することが重要です。セキュリティ対策にかけるリソースは、組織が小さいからという諦め的な意識ではなく、情報資産の価値やリスクに応じて、事業継続に必要なリソースは「かける」という能動的な判断が必要です。

Q8. リスクの大小は何で判断するの?

日常生活では、感覚的に「深夜の薄暗い夜道を女性が1人で歩いていたら危ない」とか「海外のカフェで席にカバンを置いてトイレに行くのは危ない」という話が出てきますが、情報セキュリティにおけるリスクの認識はどうでしょうか。

情報セキュリティでも「リスクがある（またはない）」とか「リスクが大きい（または小さい）」といった漠然とした表現で検討されることがありますが、明確な判断基準を持たず、これまでの経験やメディアから流れてくる情報だけで、感覚的に判断しているとしたら、非常に危険です。

情報セキュリティにおけるリスクの有無や大小は、「守るべき資産」「脅威」「脆弱性」の観点を定量的に判断します（図1-5）。サイバー攻撃が巧妙化していることや、さまざまな種類の脅威があることを理解することも重要ですが、自社の

リスクを考える場合は、それらの脅威が自社の守るべき資産に影響することか、を冷静に判断する必要があります。

図1-5：情報セキュリティのリスクの判断とは

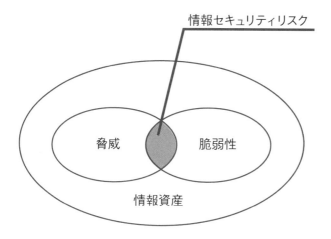

第 2 章
情報セキュリティの基礎知識

　情報セキュリティを考えるためには、セキュリティ対策の考え方やその全体像を理解しておくことが重要になります。セキュリティ対策はなぜ必要なのか、何のために、何を、何から、どうやって守れるのか、といった本質的な理解が欠かせません。

　この章では、情報セキュリティの必要性や基本的な対策の考え方、重要なキーワードなど、情報セキュリティの基礎となる部分について説明していきます。

2-1：情報セキュリティの必要性

　企業の事業継続において、売上をあげること、利益をあげることは不可欠です。企業は、組織の事業目的に従い、社会で求められる商品やサービスを作り、それらを利用してもらうことで、利益を生み出します。企業活動を行うためには、経営資源が必要になります。

　一昔前は、経営資源は「ヒト・モノ・カネ」の3要素と言われてきましたが、現在では、ここに「情報」を加えた4要素を「経営資源」として考えることが一般的です。この経営資源に位置付けられる「情報」は、ヒト・モノ・カネと同様に、企業の事業活動において、非常に重要な経営資源なのです（図2-1）。

　これら経営資源は、いずれも企業経営において欠かせない重要な要素ですが、高度情報社会である現在においては、「情報」の活用が企業経営の成長の鍵と言っても過言ではありません。とくにインターネットや情報システム、デジタルデバイスが普及した現在は、デジタル社会の真っ只中であり、これら情報システムやデジタルデバイスを活用して、適切に情報を取り扱うことが企業の存続に大きく関わる状況になってきています。

図2-1：企業の経営資源

ヒト	モノ	カネ	情報
・パートナー ・従業員 ・有識者 など	・事務所 ・店舗 ・工場 ・生産ライン ・パソコン設備 など	・資本金 ・運転資金 ・借入金 など	・顧客情報 ・個人情報 ・業界情報 ・技術情報 ・市場情報 など

情報の適切な取り扱いは企業経営の重要課題

　企業は、事業活動を行ううえで、製造や開発に関わる設計情報、顧客リスト、個人情報、営業機密、運用マニュアル、著作権などの知的財産など多くの情報を取り扱い、活用することで付加価値あるサービスを顧客へ提供します。また、これら情報の取り扱いを適切に行うことで、顧客や株主、取引先、関係会社といったステークホルダーとの信頼関係を構築し、ビジネスを成長させることも可能です。しかし、万一、情報の取り扱いに関する事故（企業が保有する顧客情報や個人情報といった機密情報の漏えいなどのインシデント）を起こしてしまった場合には、社会的信用を失うなど、企業経営に深刻な影響を及ぼします。

　自社の新規プロジェクトに関する情報が外部に漏えいすれば、他社との競争や差別化に影響がでるかもしれません。また、自社の情報のみならず、顧客情報を漏えいした場合には、企業の信用問題に関わる事態となり、契約解除や顧客離れ、サービス停止など、事業への深刻な影響が発生することでしょう。自社が起こしたセキュリティ事故により、顧客や取引先へも被害が影響してしまった場合には、顧客や取引先から損害賠償を請求されることをあり得ますし、法的な責任を問われることもあります。

　どんなに順調に成長しているビジネスであっても、社会的信用を失えば、顧客離れや機会損失などにより、あっという間に事業は立ち行かなくなり、事業継続は困難になるでしょう。最悪の場合は、事業停止、倒産も考えられます。情報に関するセキュリティに関する事故は、巨額な損失が発生するだけではな

く、社会的信用の低下や失墜といった、企業の事業継続に致命的な影響を与える可能性があります。情報が適切に取り扱われない場合、企業の事業活動に大きく影響を及ぼす可能性があるため、これらリスクを適切に管理することが企業には求められます。情報の適切な取り扱いは、企業経営の重要課題として、また、危機管理の一環として、企業経営にとっては不可欠な取り組みと言えます。

　情報セキュリティの推進なき事業活動は、例えるならブレーキやシートベルトのない自動車で、ひたすらアクセルを踏んでいるようなものです。スピードが出る自動車ほど、安全装置はより強固に、より万全にしておくべきです。自社の事業を全力で推進できるよう、全力でアクセルを踏むためにも、情報セキュリティはとくに力を入れて推進することを強く推奨します。

2-2：守るべき情報資産とは

　企業の事業活動に欠かせない重要な情報は、価値ある資産であり、守るべき情報です。

　こういった企業にとって守るべき価値ある情報のことを「情報資産[注1]」と呼びます。情報資産には、紙媒体である書類や電子データなどの「情報」だけではなく、情報を生成・保管・処理・利用する「情報システム」も含めて考えます。

　企業では、事業の内容に応じて、さまざまな情報が活用されます（表2-1）。商品を開発や製造する際に得られた技術情報や研究データ、営業活動で得られた顧客情報や取引先情報、経営資源を管理するために必要となる人事情報や財務情報、またこれら情報を利用するために必要となる業務パソコンやサーバシステムといった情報システムなど、企業の中には、非常に多くの情報資産が存在します。

　これらの情報が、何らかの理由で、利用不可や改ざん、欠損、漏えいといった事態が発生した場合、情報資産の重要性（価値）に応じて、事業へ影響が発生することになります。

注1）　情報セキュリティマネジメントシステム（ISMS）の要求事項を定義している ISO/IEC27001（国際規格）では、「情報」と「情報システム」も含めて「資産（Asset）」という言葉が使用されていますが、JIS Q27001（日本工業規格）では、財務会計等における資産と区別するため、「情報資産」という言葉が使用されています。

表2-1：情報資産の例

項目	分類	具体的な内容（一部）
情報	個人情報	マイナンバー、住所録・電話番号簿、履歴書
	顧客情報	販売先・仕入先一覧、顧客メールアドレス
	機密情報	経営戦略資料、議事録、規定、レシピ
	公開情報	上場企業決算内容、ネット情報、書籍
	その他情報	社内打ち合わせ・勉強会資料、電話メモ
情報機器	サーバ	ファイルサーバ、Webサーバ
	端末	業務用PC、モバイルPC、業務用スマートフォン・携帯電話
	記憶媒体	USBメモリ、CD-R、DVD、デジカメ
	その他機器	私用スマートフォン・携帯電話

　企業の事業継続において、万一、失うと事業継続が困難になる情報資産、事業停止や倒産のリスクに追い込まれかねない重要な情報資産は何か。失うことのできない重要な情報資産は、企業にとって守るべき情報資産です。情報セキュリティの出発点は、自社の事業において、欠かすことができない重要な情報資産、守るべき情報資産を識別することから始まります。

2-3：情報セキュリティの3要素

情報セキュリティの目的

　情報セキュリティは、「情報を適切に維持すること」を目的としています。企業が保有する情報が適切に維持されなければ、事業活動に影響がでます。また、事業活動において情報の価値が高いものほど、事業影響は大きくなります。そのため、企業は、自社で保有する情報をあらかじめ分類し、情報資産の価値を適切に識別しておくことが重要になります。

　情報資産を識別し、情報資産ごとの重要性を認識しておくことで、リスク対応の優先順位やかけるべきリソース配分などを考慮することが可能になります。

　では、これら情報資産の価値は、どのように評価すればよいのでしょうか。

情報資産の価値を測る指標

　情報資産が持つ価値は、企業の事業内容によってその価値が変わるため、一

表2-2：情報セキュリティの3要素

要素（英語）	概要	説明
機密性（Confidentiality）	秘密であること	許可された者だけが、その情報にアクセスできること
完全性（Integrity）	間違いがないこと	情報が破壊・改ざん・消去されていないこと
可用性（Availability）	利用できること	必要なとき、いつでも情報にアクセスできること

概に、金銭的評価に置き換えて、情報資産の価値を示すことができません。また、情報が活用される時間で変わることもあります。情報資産の価値は、情報資産を活用する企業の業種や特性、活用する時間軸などで異なり、世の中に存在するすべての情報を同じ物差しで測ることができないため、一定の金銭的評価ができないのです。

　そのため、情報セキュリティにおいて、情報資産の価値を評価するには、金銭的評価ではなく、情報資産が侵害されたときの「企業への影響度」で評価します。影響度を測る指標として、「機密性」「完全性」「可用性」という3つの要素を利用して、情報資産の評価を行います（表2-2）。それぞれの英語の頭文字を取って「情報のCIA」と呼ばれます。

情報セキュリティの3要素

　「機密性」「完全性」「可用性」という言葉は、情報セキュリティでは、情報資産の価値を評価する際などに利用される、大事な概念です（図2-2）。少し難しい言葉ですが、各要素の意味を順に見ていきましょう。

図2-2：情報セキュリティの3要素

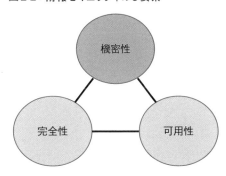

● 機密性

情報にアクセスして良い人を限定することで、情報の秘匿性を確保することです。つまり「情報を秘密にする状態」を確保することです。企業活動では、従業員だけがアクセスできる社外秘の情報や、特定プロジェクトの関係者だけがアクセスを許可された案件情報などを「機密性が高い情報」や「機密情報」などと言います。機密性が確保されない場合、組織の重要情報が第三者へ漏えいするリスクに繋がります。

● 完全性

情報の伝達や受け渡しの際に、「情報に間違いがない状態」を確保することです。例えば、AさんからBさんへ情報を送信する際に、送信経路の途中で情報の改ざんや欠如が発生すると、正しい情報の取り扱いはできなくなります。電子証明書を利用したデジタル署名などの技術を利用して、完全性を確保します。完全性が確保されないと、情報の偽造や改ざんが発生するなど、データの信頼性が欠如し、正しい業務処理ができなくなる可能性があります。

● 可用性

情報の利用を許可された人が、「いつでも利用できる状態」を確保することです。システム障害やサイバー攻撃などにより、システムやサービスが停止すると、情報の利用ができなくなります。その結果、製造販売ができなくなる事態や、顧客サービスが提供できなくなるなど、事業活動の売上低下に直結する深刻な事態が懸念されます。

情報資産の評価

情報資産の価値（重要度）を評価するには、機密性・完全性・可用性の3要素を指標とします。3要素の影響度は、それぞれ「情報資産が侵害された場合の組織や事業への影響度」を考慮して定義します。例えば、機密性が侵害された場合の影響度は表2-3のように定義できます。

他の要素も同様に、事業への影響に基づいて影響度を定義します。侵害を受けた場合に事業活動の影響が大きい資産ほど、企業にとっては重要な資産と言えます。機密性・完全性・可用性の3要素を基準として評価することで、情報資産の価値（重要度）を識別することが可能になります。

例えば、ダイヤモンドの鑑定では、「カット（輝き）」「カラット（重さ）」「カラー

表2-3：機密性が侵害された場合の影響度（例）

影響度	事業に対する影響（説明）
低	影響はほとんどない（社内の一部に影響が留まる場合など）
中	影響が一部発生する（全社で影響が出る場合など）
高	深刻な影響が発生する（顧客や取引先へも影響が出る場合など）

表2-4：宝石の鑑定と情報資産の評価（比較）

項目	宝石	情報資産
対象（例）	ダイヤモンド	顧客情報
評価指標	4C（カット、カラット、カラー、クラリティ）	3要素（機密性、可用性、完全性）
結果	A+など	重要度（1〜3など）
報告書／台帳	鑑定書	情報資産管理台帳

（色）」「クラリティ（透明度）」の４つのC（4C）で評価が行われますが、情報セキュリティにおける情報資産の評価は、機密性・完全性・可用性の３要素で評価されるとイメージするとよいでしょう（表2-4）。

● **情報セキュリティの目的**

情報資産の価値が、機密性、完全性、可用性の３要素（CIA）で示されることは、情報セキュリティの目的も表しています。「情報を正常に維持すること」とは、３要素が侵害されずに、維持される状態を確保することです。つまり、情報セキュリティとは「情報の機密性、完全性、可用性を維持すること」なのです。

この３要素が維持されている状態であれば、情報セキュリティは侵害されていない、と言えます。また、３要素のいずれかが一部でも欠けた状態となると、情報セキュリティは侵害された状態となり、この侵害された事象のことを「情報セキュリティインシデント（セキュリティ事故）」と呼びます。

情報セキュリティインシデントが起こることで、企業の事業活動は影響を受けます。情報セキュリティインシデントによる企業の事業継続への影響を最小限とするために、情報セキュリティ対策が必要となります。

┤ Column ├

データ／インフォメーション／インテリジェンス

　日本語ではひと括りに「情報」と言われることが多いですが、英語では情報の意味や価値に応じて「データ」「インフォメーション」「インテリジェンス」といった異なる用語があります。

・データ　　　　　　　：存在する情報
・インフォメーション　：意味のある情報（気象情報や交通情報など）
・インテリジェンス　　：価値のある情報（過去の販売データか仕入れの予測情報など）

　さまざまな情報がそのまま存在するものを「データ」、情報に意味を持たせて伝えられるものが「インフォメーション」、情報を分析や加工などをして判断の要素になるものが「インテリジェンス」です。インテリジェンスになるほど情報の価値は高くなりますが、価値基準は一様ではなく、その価値を決めるのは、情報を活用する組織次第です。

2-4：脅威

　情報資産に対して損害を与える可能性がある事象や要因のことを「脅威」と言います。情報資産の周りには、数多くの「脅威」が存在しています。脅威には、自然災害や人為的事故などがありますが、サイバーセキュリティにおける脅威とは「悪意を持った攻撃者による不正行為」が考えられます。

脅威の種類

　脅威には、「環境的脅威」と「人為的脅威」があります。環境的脅威は、地震や火事といった災害などの脅威です。人為的脅威は、人により発生する脅威です。また、人為的脅威には、悪意を持った人が目的をもって実行する「意図的脅威」と、とくに意図がなく無意識や注意不足から発生する「偶発的脅威」があります（表2-5）。

表2-5：脅威の分類例

脅威の分類		例
人為的脅威	意図的脅威	攻撃（不正侵入、マルウェア、改ざん、盗聴、なりすまし、など）
	偶発的脅威	人為的ミス（ヒューマン・エラー）、障害
環境的脅威	環境的脅威	災害（地震、洪水、台風、落雷、火事、など）

　意図的脅威は、組織の外部者や第三者など、悪意を持った攻撃者によるサイバー攻撃などです。また、組織の中においても、不満を持つ社員や個人的利益を企む社員などによる内部不正の脅威も意図的脅威です。意図的脅威は、組織の内外に存在しています。

　また、情報システムの運用において、操作ミスやそれに起因する障害などの脅威はつきものです。情報システムの利用者であれば、メール誤送信は、誰しも一度や二度は経験があることでしょう。情報システムの操作ミスや文書管理の不備、無意識や注意不足により発生する偶発的脅威は、日常に潜む脅威と言えます。

● 身近に存在するセキュリティ脅威

　セキュリティ脅威は、身近なところに数多く存在しています。脅威によってもたらされる情報セキュリティ上のリスクを見てみましょう（表2-6）。

　社内で運用している情報システムが故障で停止することや、サーバの電源ケーブルを足でひっかけてシステム停止することなどは今でもありますし、メールの誤送信による情報の漏えいなどは、身に覚えがある方もいるのではないでしょうか。会社に不満を持った従業員による内部不正も考えられます。退職する従業員が、情報を持ち出そうとする行為は、現在でも頻繁に発生しています。外部に公開しているシステムがあれば、悪意ある第三者やボットと呼ばれるプログラムによるサイバー攻撃は、ほぼ毎日のようにやってきているはずです。事業活動の源泉である情報に対して、経済的利益を搾取したい攻撃者や競合他社などの第三者が狙ってくる可能性も考えられます。

　情報セキュリティにおける脅威は、目には見えないため、日常的にその脅威を感じることは容易ではありませんが、組織の情報資産を取り巻く環境には、数多くのセキュリティ脅威が存在しています。さまざまな脅威から自社の情報資産を守るためには、これら脅威の存在を認識し、脅威から情報資産を守るた

めの適切な対策を講じることが必要になります。

表2-6：セキュリティの脅威とリスク

脅威	説明	脅威によってもたらされるリスク
設定ミス	設定されるべき内容が人為的なミスなどにより誤って設定されること	誤動作、動作停止などが発生する
マルウェア侵入	ネットワークや他のデバイスを経由してマルウェアが侵入すること	脆弱性などが利用されるなど、意図しないデータの送信や動作の異常が発生する
不正利用	利用者または修理業者などが不正に利用し、本来の動作を変更させること	情報を抜き取ったり、不正な設定や取り外しなどが行われる
盗聴	ネットワーク上の通信を盗聴し、情報を抜き取ること	情報の漏えいが発生する
データの改ざん	機器が保管するデータまたは、通信データを改ざんして、本来のデータとは異なるデータに書き換えること	誤動作を引き起こしたり、業務が妨害される
ソフトウェアの改ざん	機器内で動作するソフトウェアを異なるソフトウェアに書き換えること	本来の動作と異なる動作が発生する
なりすまし	通信すべき相手とは異なるユーザやデバイスになりすますこと	本来の動作と異なる動作をさせたり、情報が詐取される
不正アクセス・侵入	ネットワークを経由して、脆弱性などを利用し、第三者が不正にアクセスし、内部のネットワークなどに侵入すること	アプリやデータの抜き取りや変更などの不正な操作を行われる
Dos攻撃やJammingなどの外部からの妨害	大量のメッセージを送信したり、妨害電波を発生するなどにより正常に動作している機器やネットワークに対し妨害すること	業務が妨害される
故障・機器障害・誤動作、通信障害	機器が故障し機能が停止したり、温度上昇やソフトウェアの不具合などにより正常ではない異常な動作が発生すること。また、ネットワーク回線の障害などにより通信の障害が発生すること	ネットワークが利用できなくなり、通信ができない状態になる
否認	改ざんなどの脅威を理由にして、当事者が過去の自分の行動を否定すること	BtoBにおける発注の否定など
紛失、盗難	有形資産(PCや書類)が紛失・盗難すること	情報が漏えいする

脅威の動向を把握する

　標的型攻撃による不正侵入や内部不正による情報漏えいといった典型的な脅威の他にも、近年、猛威を振るっているランサムウェア（データを勝手に暗号化し、身代金を要求するマルウェア）やサプライチェーンリスク、IoT機器に対する脅威など、新しい脅威も確認されることから、情報セキュリティ脅威に対する定期的な情報収集なども重要になります。

　情報セキュリティの脅威については、毎年、情報処理推進機構（IPA）から、社会的に影響が大きかった情報セキュリティ事案や脅威、懸念事項などを「情報セキュリティ10大脅威」としてまとめた解説資料が公開されています（表2-7、表2-8）。

表2-7：情報セキュリティ10大脅威 2019

昨年順位	個人	順位	組織	昨年順位
1位※	クレジットカード情報の不正利用	1位	標的型攻撃による被害	1位
1位	フィッシングによる個人情報等の詐取	2位	ビジネスメール詐欺による被害	3位
4位	不正アプリによるスマートフォン利用者への被害	3位	ランサムウェアによる被害	2位
NEW	メール等を使った脅迫・詐欺の手口による金銭要求	4位	サプライチェーンの弱点を悪用した攻撃の高まり	NEW
3位	ネット上の誹謗・中傷・デマ	5位	内部不正による情報漏えい	8位
10位	偽警告によるインターネット詐欺	6位	サービス妨害攻撃によるサービスの停止	9位
1位	インターネットバンキングの不正利用	7位	インターネットサービスからの個人情報の窃取	6位
5位	インターネットサービスへの不正ログイン	8位	IoT機器の脆弱性の顕在化	7位
2位	ランサムウェアによる被害	9位	脆弱性対策情報の公開に伴う悪用増加	4位
9位	IoT機器の不適切な管理	10位	不注意による情報漏えい	12位

出典：IPA（独立行政法人情報処理推進機構）、**URL** https://www.ipa.go.jp/security/vuln/10threats2019.html
NEW：初めてランクインした脅威
※クレジットカード被害の増加とフィッシング手口の多様化に鑑み、2018年個人1位の「インターネットバンキングやクレジットカード情報等の不正利用」を本年から、①インターネットバンキングの不正利用、②クレジットカード情報の不正利用、③仮想通貨交換所を狙った攻撃、④仮想通貨採掘に加担させる手口、⑤フィッシングによる個人情報等の詐取、に分割。

表2-8：情報セキュリティ10大脅威 2018

昨年順位	個人	順位	組織	昨年順位
1位	インターネットバンキングやクレジットカード情報等の不正利用	1位	標的型攻撃による被害	1位
2位	ランサムウェアによる被害	2位	ランサムウェアによる被害	2位
7位	ネット上の誹謗・中傷	3位	ビジネスメール詐欺による被害	ランク外
3位	スマートフォンやスマートフォンアプリを狙った攻撃	4位	脆弱性対策情報の公開に伴う悪用増加	ランク外
4位	ウェブサービスへの不正ログイン	5位	脅威に対応するためのセキュリティ人材の不足	ランク外
6位	ウェブサービスからの個人情報の窃取	6位	ウェブサービスからの個人情報の窃取	3位
8位	情報モラル欠如に伴う犯罪の低年齢化	7位	IoT機器の脆弱性の顕在化	8位
5位	ワンクリック請求等の不当請求	8位	内部不正による情報漏えい	5位
10位	IoT機器の不適切な管理	9位	サービス妨害攻撃によるサービスの停止	4位
ランク外	偽警告によるインターネット詐欺	10位	犯罪のビジネス化（アンダーグラウンドサービス）	9位

出典：IPA（独立行政法人情報処理推進機構）、**URL** https://www.ipa.go.jp/security/vuln/10threats2018.html

　近年、発生している情報セキュリティ脅威に関する情報収集の一環として確認するとよいでしょう。また、PDF形式の資料がダウンロードできるので、自社の情報セキュリティ研修や教育などに活用してみてもよいでしょう。

2-5：脆弱性

　脅威が存在することで、すぐに情報資産に対する侵害の懸念が発生するかというと、そうではありません。脅威は、その存在だけでいきなり情報資産への影響が発生するわけではなく、脅威が情報資産に対する懸念事項となる場合には、重要な要素がもう1つあります。それは「脆弱性」です。

　脆弱性という言葉は、情報セキュリティでは非常に重要な言葉です。情報セキュリティインシデントは、「脆弱性に始まり脆弱性に終わる」と言ってもよいくらい「脆弱性」に起因して発生します。

　脆弱性とは、脅威に対して、情報資産が侵害や影響を受けやすい状態（脆くて壊れやすい状態）のことです。情報資産の侵害を引き起こすようなシステムやプログラム上の欠陥や弱点のことを、セキュリティホールと呼ばれたりしますが、まさに脆弱性のことです。情報セキュリティにおいては、資産を脅威から守るための対策が適切に実施されていない状態など、悪意を持った攻撃者が容易に不正行為を行うことができる状態が「脆弱性」となります。

　身近な生活でも脆弱性が悪用されて発生する事件や事故はあります。例えば、農家で野菜やフルーツを育てている場合、鳥や動物が荒らしに来ることがわかっているにも関わらず何の対策もしていないと、作物はいつか食い散らかされてしまいます。また、高級な自転車を持っている人が、キーチェーンなど何もせずに、街中に自転車を放置していれば、盗難されるのは時間の問題です。これらはいずれも脅威に対して「脆弱性」が存在していたために発生した被害例と言えます。

　企業で利用する情報資産においても、さまざまな脆弱性が存在しています。

脆弱性の種類

　一般的に脆弱性というと、情報システムのソフトウェアやアプリケーションに内在する技術的な脆弱性を思い浮かべることが多いですが、実際に悪意ある攻撃者が悪用する脆弱性は、技術的な脆弱性だけではありません。脆弱性の種類は、技術的脆弱性以外に、組織的脆弱性、人的脆弱性、物理的脆弱性があります（表2-9）。

●対策が難しい「人的脆弱性」

　技術的な脆弱性は、悪用する攻撃者にもそれなりの技術やスキルが必要となり、攻撃者にとっても敷居が高くなります。そのため、技術的な脆弱性よりも、他の脆弱性が狙われることが実際は多いとも言われます。とくに脆弱性の中で、もっとも対策が難しく、悪意を持った攻撃者に狙われやすい脆弱性は、「人的脆弱性」です。

　人は、平時における通常時であれば冷静に物事を遂行しますが、いつもと異なる緊急時や緊張状態なども追い込まれると、心理的プレッシャーから、行動や言動に大きな揺らぎが出ると言われます。攻撃者は、こういった人間心理に精通しているため、いつもと異なるシチュエーションへ追い込んだり、言葉巧

表2-9：脆弱性の種類

脆弱性の種類	説明	脆弱性の例
技術的脆弱性	OSやソフトウェア、アプリケーションなどの技術的な欠陥	・OSやソフトウェア、プロトコルなどの欠陥やバグ
		・アクセスコントロールの不備、マルウェア対策の不備
		・Webアプリケーションにおける脆弱性
組織的脆弱性（管理的脆弱性）	管理や承認プロセスなどにおける組織的欠陥	・申請者と承認者が同じことによる権限乱用
		・権限者による不正行為
		・セキュリティポリシーや規定等の形骸化
人的脆弱性	人の心理や感情、行動などの弱さや甘さ	・電話による詐欺、誘導尋問による機密情報の搾取
		・フィッシングメール、標的型メール
		・メールの誤送信、情報セキュリティ意識の低さ
物理的脆弱性	オフィスや建物の設備など存在する物理的な欠陥	・耐震、防水、防火などの未対応
		・情報システムの冗長化の未対応
		・盗難や紛失に対する対策の不備
		・入退室管理の不備

みに誘導するなど、攻撃者が意図した不正な行動を引き出します。いつもと異なる状況に追い込まれることで、人は冷静な判断ができなくなり、普段は絶対しない判断や行動、発言をしてしまうことが起こり得るのです。

近年横行しているフィッシングサイトや標的型メールなどは、人の勘違い、思い込みに付け込んで、巧みにマルウェアなどの不正ファイルを実行させたり、機微な情報を入力させたりするなど、まさに人的脆弱性を狙った攻撃です。このような人を狙った攻撃は「ソーシャルエンジニアリング」や「ソーシャルハッキング」と呼ばれます。

● **脆弱性が残存したままだと**

重要な情報資産に情報セキュリティ上の脆弱性が残存している場合、情報資産が容易に侵害され、事業継続に致命的な影響が発生する場合があります。情報システムに対する脆弱性診断や運用プロセスにおける点検や監査などを実施することで、既知の脆弱性を確実に排除しておくことが推奨されます。

また、情報セキュリティの対策は、技術的脆弱性を保護するための対策に焦点が当てられることが多いですが、情報セキュリティポリシーや運用ルールが形骸化しているなど組織的な脆弱性（運用上の問題）が残存していると、どんなに技術的脆弱性に対する対策を推進しても、その対策の効果は望めません。脆

弱性は、技術的な観点だけではないため、人的、組織的、物理的な観点を踏まえて、包括的な脆弱性の保護を意識することが重要になります。

2-6：情報資産を守るための４つの視点

　情報資産を守るためには、脅威に対して適切なセキュリティ対策を行う必要があります。セキュリティ対策は、ウイルス対策製品の導入やファイアウォールの設置といった技術的な対策だけではありません。脆弱性が４つの分野があったことと同様に、セキュリティ対策の分野も、技術的対策、組織的対策、人的対策、物理的対策があります（表2-10）。

表2-10：情報セキュリティ対策

対策の種類	対策例
組織的対策	・組織体制の構築・ルールの策定
	・権限・責任を割り当てて実施状態を統制・管理する
人的対策	・要員の教育・訓練、監督
	・事件や事故の発生リスクを低減し、かつ被害を最小限にするために管理する
物理的対策	・自然・人的災害被害からの保護
	・外部との境界を明確にし、保護範囲内への影響が及ばないように管理する
技術的対策	・情報システム技術による制御・管理
	・ネットワーク、ハードウェア、ソフトウェア、データに対して制御を行い管理する

　では、この４つの対策分野を見てみましょう。

技術的な対策

　OSやソフトウェア、アプリケーションなどに内在する技術的な脆弱性を保護するための対策です。サーバシステムやネットワーク、パソコン端末などの情報システムに対して、ファイアウォールやウイルス対策などのハードウェア製品またはソフトウェア製品を導入して、セキュリティ対策を行います。

　セキュリティ対策には、認証、アクセス管理、認可、証跡、暗号化、脆弱性対応などがあります。また、近年では、対策製品を自社で購入せずに、セキュ

リティ対策事業者が提供する対策サービスを利用する場合もあります。

組織的な対策

　情報セキュリティに関する組織の体制や運用、管理における脆弱性を保護するための対策です。

　情報セキュリティに対する組織体制の構築やポリシー・規定類の策定、情報資産の識別やリスクアセスメントの実施など、情報を取り扱ううえでの運用面や管理面における対策を行います。情報システムの管理や運用に対する定期的な監査なども組織的な対応です。また、業務において情報のやり取りを行う取引先や委託事業者などに対する情報セキュリティの管理なども、組織的な情報セキュリティ対策として重要になります。

人的な対策

　従業員など情報セキュリティ意識の低さや理解不足など人に起因する脆弱性を保護するための対策です。

　情報を取り扱う従業員に対して、セキュリティ意識の向上や脅威に対する理解促進のため、情報の取り扱いや情報セキュリティに関する教育などを行います。E-Learningや集合形式で行う研修のほかに、標的型攻撃を模した（訓練用の）メールを従業員に対して送信し、その対応可否を確認するといった訓練形式の教育もあります。また、情報システムを管理する管理者向けに、情報セキュリティに関する専門教育を実施することなども重要になります。

物理的な対策

　オフィスや建物の設備など関わる情報セキュリティ上の物理的な問題に対する対策です。

　重要な情報資産が置いてある執務エリアやサーバルームへの入退室管理や監視カメラの置、停電や自然災害に対するシステムの冗長化や無停電電源装置の設置など、設備や環境面に対する対策を行います。

　情報セキュリティ対策を検討する際には、4つの脆弱性の観点を考慮して、適切な対策分野を検討することが重要です。

第 3 章
情報資産とリスクの関係

　限られた経営資源を有効活用するためには、組織にとって重要な情報資産を識別し、セキュリティ対策に優先順位を付けることが必要です。組織の事業活動において重要な情報資産は何か、失った場合に組織への影響が大きい情報資産は何か。組織における情報資産の必要性や価値などを評価し、重要度に応じた情報セキュリティ対策を行うことが求められます。また、企業が情報資産のリスク管理を行うためには、保有している情報資産の重要度を評価し、組織にとって、重要な情報資産を認識することが必要になります。

　この章では、情報セキュリティの必要性や基本的な対策の考え方、重要なキーワードなど、情報セキュリティの基礎となる部分について説明していきます。

3-1：情報資産の評価基準

　情報資産の重要度を評価するためには、情報セキュリティの3要素（機密性、完全性、可用性）を活用します。セキュリティ侵害発生時の影響度に応じて3要素の重要度を区分し、評価基準により情報資産を評価することで、重要度が識別されます。情報資産の区分には、とくに決まりがあるわけではありませんが、3段階や5段階で定義されることが一般的です。最初から定義を多くしすぎると、その後の評価が大変になる場合があるので、まずは3段階で定義してみるのがよいでしょう。

機密性の定義例

　表3-1は機密性の重要度を定義した例です。

表3-1：機密性の重要度の定義（例）

重要度	区分	判断基準	事業影響
1	低	外部の不特定多数へ開示できる公開情報	ない
2	中	社内の従業員だけがアクセスできる情報（社外秘）	小さい
3	高	関係者だけがアクセスできる情報（部外秘）	大きい

　機密性は、「許可された人だけが情報にアクセスできる状態を維持すること」なので、許可されていない人に情報がアクセスされる状態になると、機密性が侵害されたことになります。機密性の重要度は、情報に対して誰がアクセスしてもよいか、誰にアクセスされたらまずいのか、といった基準で考えます。社内の情報に対して、「社外秘」や「関係者外秘」といったマル秘を付ける行為と、基本的な考え方は同じです。

　公開情報であれば、不特定多数に情報が知られても事業影響はありませんが、社内情報が外部へ漏えいした場合に、事業影響が発生することが考えられます。公開前の新製品に関する情報が外部へ漏えいしてしまえば、新製品の開発や販売に影響が出る可能性があります。また、万一、顧客情報が外部へ流出した場合には、企業の信用問題になりかねませんので、事業活動へは重大な影響がでることが考えられます。機密性の重要度は、アクセスを許可された人以外に、情報が漏えいした場合の事業影響度に基づいて、基準を定義します。

完全性の定義例

　表3-2は完全性の重要度を定義した例です。

表3-2：完全性の重要度の定義（例）

重要度	区分	判断基準	事業影響
1	低	一部の業務遂行に影響を及ぼす情報資産	小さい
2	中	全社的な業務遂行に影響を及ぼす情報資産	大きい
3	高	顧客や取引先などに提供する商品やサービスにおいて、重大な影響を及ぼす恐れがある情報資産	重大

　完全性は、「情報が正しく、誤りがない状態を維持すること」なので、情報が正しくない状態、誤りがある状態となると、完全性が侵害されたことになります。完全性の重要度は、情報が改ざんや消失した場合の事業への影響度を基準

として考えます。

　例えば、既に販売終了している製品のカタログや価格表を改ざんされたとしても、事業影響はほとんどないと考えられますが、自社のWebサイトで販売中の製品情報や表示価格を改ざんされてしまうと、営業活動や販売活動に影響が発生します。また、製品開発中の研究データや検証データが改ざんされてしまった場合には、製品の品質に関わる問題が懸念されます。検証データの誤りに気が付かずに製品化された商品を販売してしまい、事後にその誤りが発覚した場合には、取引先や顧客からの信用を完全に失ってしまうかもしれません。

　食品の産地偽装の問題とも似ていますが、情報の改ざんや欠損などにより、情報の誤りが発生した場合、正しい業務が遂行できなくなる事態だけでなく、商品やサービスの品質問題に繋がりかねません。完全性の重要度は、情報の誤りによって発生する事業への影響に基づいて、基準を定義します。

可用性の定義例

　表3-3は可用性の重要度を定義した例です。

表3-3：可用性の重要度の定義（例）

重要度	区分	判断基準	事業影響
1	低	1週間以内の復旧を要する情報資産	小さい
2	中	1日以内の復旧を要する情報資産	大きい
3	高	30分以内に復旧を要する情報資産	重大

　可用性は、「許可された人が、必要なときに情報へアクセスできる状態を維持すること」なので、許可された人が情報へアクセスできない状態となると、可用性が侵害されたことになります。可用性の重要度は、情報システムの停止などにより、必要とする情報へアクセスできないことで起こり得る事業への影響度を基準として考えます。

　社内向けの掲示板サイトやコミュニケーションツールが利用できなくなった場合、利用できないことで多少の不便はあるかもしれませんが、業務や事業への直接的影響はないでしょう。メールシステムがシステム障害等で利用できなくなった場合も、メールを連絡手段としてのみ利用している場合は、その影響は限定的と考えられます。しかし、商品を製造するための、製造ラインのシス

テムやショッピングサイトの電子決済システムが利用できなくなった場合は、売上に直結する事業影響が発生するため、企業にとっては重大事態です。可用性の重要度は、情報（とくに情報システム）が利用できなくなった場合に、事業の売上に直結する影響に基づいて、基準を定義すると良いでしょう。

情報資産に対して侵害が発生した場合の事業への影響度に従い、重要度を定義しています。情報資産の評価基準が定義できれば、この定義に従い、情報資産の重要度を評価することが可能になります。

┤ Column ├

情報資産の機密性・完全性・可用性に基づく重要度の定義

中小企業の情報セキュリティ対策ガイドラインでは、情報資産の機密性・完全性・可用性に基づく重要度は表3-Aのように定義されています。

表3-A：情報資産の機密性・完全性・可用性に基づく重要度の定義

評価値		評価基準	該当する情報の例
機密性 アクセスを許可された者だけが情報にアクセスできる	2	法律で安全管理（漏えい、滅失又はき損防止）が義務付けられている	・個人情報（個人情報保護法で定義） ・特定個人情報（マイナンバーを含む個人情報）
		守秘義務の対象や限定提供データとして指定されている漏えいすると取引先や顧客に大きな影響がある	・取引先から秘密として提供された情報 ・取引先の製品・サービスに関わる非公開情報
		自社の営業秘密として管理すべき（不正競争防止法による保護を受けるため）漏えいすると自社に深刻な影響がある	・自社の独自技術・ノウハウ ・取引先リスト ・特許出願前の発明情報
	1	漏えいすると事業に大きな影響がある	・見積書、仕入価格など顧客（取引先）との商取引に関する情報
	0	漏えいしても事業にほとんど影響はない	・自社製品カタログ ・ホームページ掲載情報

完全性 情報や情報の処理方法が正確で完全である	2	法律で安全管理（漏えい、滅失またはき損防止）が義務付けられている	・個人情報（個人情報保護法で定義） ・特定個人情報（マイナンバーを含む個人情報）
		改ざんされると自社に深刻な影響または取引先や顧客に大きな影響がある	・取引先から処理を委託された会計情報 ・取引先の口座情報 ・顧客から製造を委託された設計図
	1	改ざんされると事業に大きな影響がある	・自社の会計情報 ・受発注・決済・契約情報 ・ホームページ掲載情報
	0	改ざんされても事業にほとんど影響はない	・廃版製品カタログデータ
可用性 許可された者が必要な時に情報資産にアクセスできる	2	利用できなくなると自社に深刻な影響または取引先や顧客に大きな影響がある	・顧客に提供しているECサイト ・顧客に提供しているクラウドサービス
	1	利用できなくなると事業に大きな影響がある	・製品の設計図 ・商品・サービスに関するコンテンツ（インターネット向け事業の場合）
	0	利用できなくなっても事業にほとんど影響はない	・廃版製品カタログ

出典：IPA（独立行政法人情報処理推進機構）、**URL** https://www.ipa.go.jp/files/000055520.pdf（P.45）

3-2：情報資産の重要度

情報資産の重要度は、情報セキュリティの3要素（機密性、完全性、可用性）を評価基準として算出されます。情報資産に対して侵害が発生した場合を想定し、3つの指標による事業影響をそれぞれ評価し、総合評価として重要度を算出します。

社員名簿の重要度を考える

例えば、人事部で管理されている社員名簿の重要度を例として、先の表3-Aを基準として、評価は「0～2」で考えます。

● 機密性の評価

社員名簿には、社員の生年月日や住所、連絡先、家族の情報、職務経歴など、個人情報が記載されています。これらの情報の利用者は、人事部の担当者のみがアクセスを許可されていると考えた場合、社内または社外を問わず、各自の個人情報が、本人以外の他の人に知られてはいけない情報です。社内であっても、業務で必要となる人事部以外に社員名簿情報が漏えいした場合、プライバシーの侵害や個人情報の漏えいとして重大事故になる可能性があります。

事業への直接的な影響ではないかもしれませんが、企業の情報管理において重大な問題です。結果的に、事業へも深刻な影響が想定されるため、機密性は「2」とします。

● 完全性の評価

社員名簿が改ざんされた場合、経歴や年齢を誤った情報として認識してしまったり、給与を誤った金額を振り込んでしまうなど、社内の人事上の問題が懸念されるため、完全性は「1」とします。

● 可用性の評価

社員名簿の利用ができない場合、人事管理に関する業務の遂行に多少の影響が考えられますが、事業への影響はほとんどないと考えられるため、可用性は「0」とします。

● 重要度の算出

この結果、人事部が管理する社員名簿の評価は、機密性：2、完全性：1、可用性：0となりました。この3要素の評価結果を踏まえて重要度を算定します。重要度の算出は、単純に各要素を足した合計で示すのではなく、3要素のうち、1つでも最高点（今回の場合だと2）を付けた場合には、重要度も最高点とします（表3-4）。

表3-4：各要素に基づいた重要度の算定（重要度：最少0〜最高2）

機密性	完全性	可用性	重要度
2（高）	1（低）	0（低）	2
1（中）	1（中）	1（中）	1

※3要素のうち、1つでも最高点を付けた場合には、重要度も最高点とする

単純に各要素を合計してしまうと、各要素において重要度を「高」と判断した情報資産（事業影響が重大と判断された情報資産）があったにも関わらず、重要度が3要素とも「中」の情報資産に埋もれてしまう場合があるためです。例えば、機密性の重要度が「2（高）」にもかかわらず、完全性と可用性が「0（低）」の場合、合計点で計算すると「2」になってしまいます。仮に、3要素とも「1（中）」の情報資産があった場合の合計値よりも重要度が低くなってしまいます。

その他の情報資産の重要度を考える

社員名簿以外の評価は表3-5のようになります。

表3-5：その他の情報資産の評価（例）

情報資産名称	利用者範囲	管理部署	評価値			
			機密性	完全性	可用性	重要度
社員名簿	人事部	人事部	2	0	0	2
健康診断の結果	人事部	人事部	2	2	1	2
給与システムデータ	給与計算担当	人事部	2	2	1	2
当社宛請求書	総務部	総務部	1	1	1	1
発行済請求書控	総務部	総務部	1	1	1	1

情報資産の重要度を評価して識別することは、情報資産の重要性を認識し、対策の優先順位を検討するうえで、重要な情報となります。情報資産の重要度

を意識せずに、すべての情報資産に対して同じレベルのセキュリティ対策を実施することは、経営資源の無駄であり、非効率的な対策になっている可能性があります。

限られた経営資源を効果的に配分し、効率的なセキュリティ対策を推進するためには、自社の情報資産を評価し、重要な情報資産を適切に把握することが不可欠となります。

3-3：情報資産のライフサイクル

情報資産は、取得から保管、利用、提供、廃棄まで、一連のライフサイクルがあります。企業は、商品の製造・販売やサービスの提供といったさまざまな事業活動の中で多くの情報資産を取り扱いますが、これらの情報資産に対する脅威は、利用や提供のフェーズだけではなく、情報を取得する段階や廃棄する段階においても、セキュリティの脅威は存在します。

情報資産のライフサイクルと、各フェーズに存在する脅威を考えてみましょう。情報資産のライフサイクルは、主に「発生」「運用」「廃棄」の3段階のフェーズがあります（図3-1）。また、情報システムも同様です（図3-2）。

図3-1：情報（紙媒体・電子データ）のライフサイクル

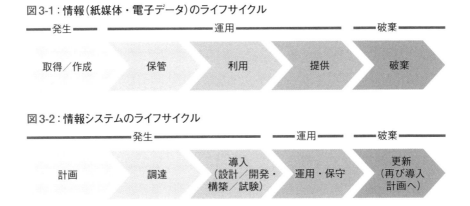

図3-2：情報システムのライフサイクル

各フェーズに潜む脅威

情報資産に対するセキュリティ脅威は、先に挙げた各フェーズに存在しています（表3-6）。

表3-6：情報資産のライフサイクルにおけるセキュリティ脅威

ライフサイクル	セキュリティ脅威	必要な情報セキュリティの観点（機密性・完全性・可用性）
取得・作成・調達（開発・構築）	誤った情報の取得、情報の不整合・改ざん、開発・構築システムの脆弱性（セキュリティホール）の残存	情報がその目的のために、必要かつ十分で正しい内容を持つものとして作成すること
保管・保存	保管・保存データの改ざん、消失・紛失・削除、持ち出しなど（システムやHDDの故障等によるデータ消失）	改変や改ざん、消失・紛失、不正な持ち出しが起こらないように安全な場所、方法で保存すること
利用	アクセス権を持たない第三者による不正利用（閲覧、編集、持ち出し、提供、削除など）、目的外利用	必要な人のみがアクセスでき、許される範囲だけの処理（閲覧、編集、複製、移送等）がされること
提供	提供すべき人以外への情報提供（添付ファイルの付いたメールの誤送信、情報の目的外利用など）	利用や適用目的を明確にし、一定の条件の下、必要な人に、必要な情報のみを提供すること（閲覧、提供など）
廃棄	不適切な廃棄による情報の搾取や情報漏えい、削除データの復元 など	第三者に拾われたり盗み見られたりすることがないように、情報を確実に消去すること

　例えば、情報システムを新たに導入する場合に、導入前の動作試験において、実際の顧客データを使うことは、顧客情報が関係者以外へ知られてしまう懸念があるため適切ではありません。顧客データを適切に保管し、利用するためには、導入前の動作試験では「テストデータ」を使うことが推奨されます。

　また、システムが役割を終えて処分する際に、廃棄される対象システムのハードディスクをそのまま捨てることも情報漏えいに繋がる懸念があります。廃棄するシステムのハードディスク（HDD）は、HDDを破壊するかデータを上書きするなどして、情報漏えいを防ぐためにデータを読み出せなくする対策が必要になります。また、外部の事業者へHDDの廃棄を委託する場合には、必ず廃棄証明書を発行してもらいます。

　情報システムは、廃棄されるか、新しいシステムへ更改を行う際にも、それまでの情報をどのように安全に引き継ぐか、もしくは安全に情報を廃棄するか、

といったことにも配慮する必要があります。情報システムを廃棄する際に、そこで取り扱っていた機密性の高い情報が、万一、第三者へ漏えいしたら、当然大きなインシデントとなります。

　破棄予定の情報であっても、機密情報は破棄される最後まで、その情報の機密性を維持する必要があります。

　情報セキュリティは、情報資産が利用される段階だけではなく、ライフサイクルを意識して、情報資産の発生から最後の廃棄に至るまで油断をせずに、適切に管理していくことが求められます。

3-4：情報セキュリティリスクとは
 〜情報資産とリスクの関係性

　脅威が脆弱性を悪用して、情報資産に対して損失または損害を与える可能性を「リスク」と言います。「情報資産」「脅威」「脆弱性」のそれぞれが作用することで、リスクが発生します。情報セキュリティリスクは、守るべき情報資産に対

図 3-3：リスクの大きさを決める要素

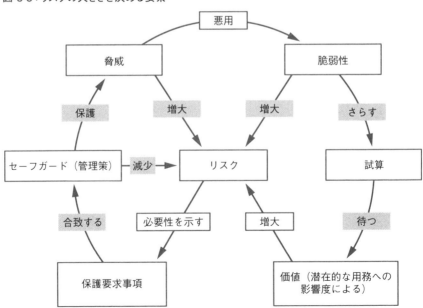

して「悪い事象が起こる可能性」です。

リスクの大きさを決める要素とそれらの関係性を見ていきましょう（図3-3）。

情報資産の保有によりリスクは発生

企業は、価値ある情報資産を保有することで、リスクを保有します。個人であれば、リスクを持ちたくないので価値ある資産を保有しないといった考え方もできますが、企業では、事業活動のために保有せざるを得ない情報資産があるため、情報資産を保有することは、リスクを保有することにもなります。

また、企業で保有する情報資産のうち、業務への影響が大きい情報資産ほど価値が大きくなるため、侵害や消失したときのリスクが大きくなります。情報資産を保有することは、同時にリスクを保有することになるため、必然的にリスク管理が必要になります。

リスクを増大させる要因

情報資産を保有することで発生するリスクには、増大させる要因が2つあります。「脅威」と「脆弱性」です。脅威と脆弱性が存在することでリスクは増大しますが、考え方として少し注意が必要です。

脅威の存在だけでリスク増大に直結するわけではありません。脅威は、情報資産において脆弱性が存在する（脅威に晒されている状態にある）ことで、はじめてリスクとなります。つまり、情報資産に影響する脅威があったとしても、悪用可能な脆弱性が情報資産に存在していなければ、リスク増大には繋がらないのです。

リスクから導き出されるもの

情報資産の保有によりリスクが発生し、脅威と脆弱性により、リスクは増大します。情報資産、脅威、脆弱性を評価することで、リスクの大きさが把握できるようになります。リスクが発生した際の損害は大きいか小さいか、リスクの発生可能性は高いか低いかなど、リスクの大きさに応じて、対応の優先順位をもって、必要な対応を検討できます。リスクを把握することで、情報資産を守るために必要となる対策の検討が可能になります。

ようやく具体的なリスク対応に必要な対策事項が見えてきます。このリスク

対応するために必要な対策事項のことを「保護要求事項」と呼びます。保護要求事項を明確にすることで、適切なセキュリティ対策が推進できると言えるでしょう。

　リスクを評価し、把握することは、情報資産を守るために必要となる対策の要件を導き出す重要なプロセスです。

リスク低減にやるべきこと

　リスクを低減させるためには、リスク増大の要因である「脅威」と「脆弱性」をなくすことですが、組織が「脅威」をコントロールすることはできません。脅威は外的要因とも言われ、自然災害やサイバー攻撃など、自分たちでコントロールができない不可抗力であることが多いからです。そのため、企業のリスク管理においては、脆弱性を適切に保護することが、リスク低減のためにやるべきことになります。情報資産に脆弱性が存在しなければ、脅威に悪用されることがなくなるためです。

　特定されたリスクに基づいて、セキュリティ対策を行うことで、守るべき情報資産に関わる脆弱性を保護し、適切なリスク低減に繋げることが期待できます。

第 4 章
企業におけるリスク管理

　企業経営には、さまざまな事業リスクが伴いますが、経営課題として取り組む必要があるリスクの1つが情報セキュリティリスクです。

　リスクを把握せずに場当たり的なセキュリティ対策を推進しても、その効果は期待できません。情報セキュリティの推進において重要なことは、自社における情報セキュリティリスクを正しく把握することです。

　この章では、企業におけるリスク管理に必要となるリスクアセスメントとリスク対応について基本的な考え方や進め方について解説していきます。

4-1：リスクアセスメントの基本的な流れ

　情報セキュリティにおいて、リスクを管理する一連のプロセスを「リスクマネジメント」と呼びます。リスクマネジメントは、リスクを把握するための「リスクアセスメント」とそれに対する「リスク対応」で構成されます。

　リスクアセスメントは、リスクを把握し、対応の優先順位を決めるための重要なプロセスです。インシデントが発生する可能性や事業影響を評価し、リスクの大きさに基づいて実施すべき対策の優先順位を決めることで、限られた経営資源の適切な配分や配置を決定することが可能になります。

　リスクアセスメントは、「リスクの特定」「リスクの分析」「リスクの評価」の3つのプロセスがあります。まずは、3つのプロセスを見ていきましょう。

リスク特定

　リスクを発見し、認識するプロセスです。リスクは、情報資産に対する脅威と脆弱性の存在を確認することで発見されます。また、特定されたリスクを、リスク分析シートなどに記載することも、リスク特定のプロセスに含まれます。

　リスク特定では、企業の事業活動を妨げる可能性があるリスクを可能な限りすべて洗い出します。また、特定されたリスクは、「リスク分析シート（リスク

評価シート）」などに記載して、特定したリスクを資料に記載しておきます。

リスク分析

リスクの性質を理解し、リスクの大きさを算出するプロセスです。リスクの性質とは、リスク発生の可能性や発生した場合の影響度など、リスクの大きさを判断するための要素です。

リスク分析の目的は、リスク対応の優先順位を判断するためにリスクの大きさを識別することです。リスクの特徴を理解し、リスクの大きさを把握することで、組織が優先的に対応すべきリスクを判断できます。一般的なリスク分析では、「リスクの発生可能性」と「（そのリスク発生による）影響度」により「リスクの大きさ」が算出されます（図4-1）。

リスクの大きさ＝リスクの発生可能性×リスク発生による影響度

図4-1：リスクの大きさ（発生頻度×被害の影響度）

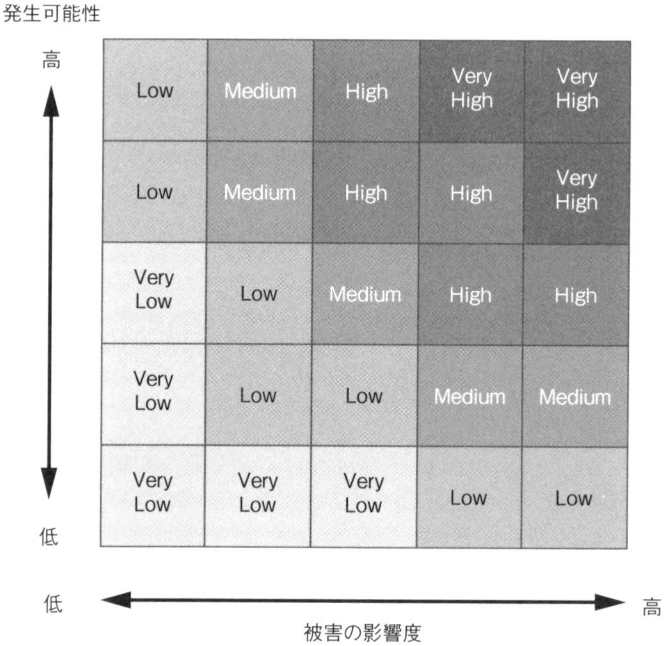

発生可能性

高	Low	Medium	High	Very High	Very High
	Low	Medium	High	High	Very High
	Very Low	Low	Medium	High	High
	Very Low	Low	Low	Medium	Medium
低	Very Low	Very Low	Very Low	Low	Low

低 ← → 高
被害の影響度

　また、リスクの発生可能性は、リスクの要因となる「脅威」「脆弱性」から算出されます。リスク発生による影響度は、情報資産の価値で評価に基づいて影響度が大きくなります。そのため、リスク大きさは、次のように考えることができきます。

リスクの大きさ＝脅威×脆弱性×情報資産の価値

リスク評価

　リスクを決める3要素は「資産」「脅威」「脆弱性」です。各要素の大きさによってリスクの大きさを算出します（表4-1）。リスク評価では、優先的に対応が必要なリスクを判断できるように、算出されるリスクの大きさを分類します。

表4-1：リスク評価と分類例

リスクの発生可能性	リスク発生による影響度	分類
高	高	Very High
高	中	High
中	高	High
中	中	Medium
中	小	Low
小	中	Low
小	小	Very Low

　リスク評価により、リスクの大きさを識別することで、リスク対応の優先順位の検討が可能になります。
　リスクアセスメントを実施することで、リスクが特定され、リスクの大きさなどが評価されます。その結果を踏まえたうえで、現在、導入しているセキュリティ対策がどのようなリスクに対応しているのか（または、対応していないのか）など、どのようなリスクに対応するセキュリティ対策なのか具体的に確認できます。限りある経営資源をどの対策（どのリスク対応）に充てるのか、優先順位を明確にして効果あるセキュリティ対策を行ううえで、リスクアセスメントは重要なプロセスとなります。

　これまで、情報セキュリティを推進していて、リスク評価を一度も実施したことない組織では、ぜひリスクアセスメントの実施を検討してください。

4-2 : リスクアセスメントの手法

　セキュリティリスクを特定するためには、さまざまな方法があります。それぞれの手法には、短時間で実施できるものから、時間はかかるが情報資産ごとの詳細なリスク特定ができるものまでさまざまです。すでに、現在の組織で取り組んでいる方法もあるかもしれません。

　ここでは、一般的によく活用されている４つの方法を紹介します。

・非形式的アプローチ
・ベースラインアプローチ
・詳細リスク分析
・組み合わせアプローチ

非形式的アプローチ

　担当者や専門家の知識・経験に基づいて、リスクを評価（認識）する手法です。（評価対象となる情報資産が活用される）業務に精通している担当者や専門家がいる場合には、短時間でリスク評価が行えます。

　これまで、体系的なリスク分析を実施したことがないという組織であっても、組織の内外の詳しい人の知識や経験に基づいて対策を推進してきたということはあることでしょう。業務に精通した上司や先輩の経験・勘から、リスクに対するコメント・助言をもらっている場合は、非形式アプローチです。

　ただし、分析のために多くの時間をかけずに、適切な指摘がもらえることを期待できますが、決まった形式や体系がなく、文書や手順として明文化されないため、リスク評価としては実態が把握しにくい点があります。また、属人的な対応とならざるを得ないため、個人の主観や偏見に影響され、客観的な分析ができない懸念もあります。リスク評価の観点や評価対象の範囲も部分的となり、幅広い情報セキュリティの観点や網羅性を期待することは難しいため、非

形式的アプローチだけに頼ったリスク評価は、推奨はされません。

他のリスク評価の方法と組み合わせて、必要に応じて、業務に精通した人や外部の専門家にアドバイスをもらう、という位置づけで考えるとよいでしょう。

ベースラインアプローチ

ベースラインアプローチは、組織におけるセキュリティ対策に対して、一定の基準（ベースライン）を設定し、実施有無（対策有無など）を確認する方法です。例えば、脆弱性対策として「OSやソフトウェアは常に最新版にアップデートを行う」という基準を設定した場合、リスク評価の対象となる組織や部署のパソコンが実際に最新版にアップデートしているか、対策状況を確認していきます。

また、ベースライン分析で定義する対策項目などは、セキュリティ対策に関するガイドラインや対策基準をインターネットから入手することで、すぐに始められます。これらのガイドラインには、通常、網羅的に定義されたセキュリティ対策が記載されているので、対策有無を回答することで、簡単に組織全体のセキュリティ対策の状況を把握できます。

ベースラインアプローチでは、情報資産の重要度や個別要件は考慮せずに、組織全体で一律の基準で評価します。そのため、組織において、一律で対策をすべきこと、最低限のセキュリティ対策として実施すべきことなどを基準として、全社のセキュリティ対策状況やリスク判断を、網羅的に、包括的に確認したい場合などに活用します。組織が比較的小規模な場合や、情報資産の種類が限定的な場合、情報資産の重要度がどれもほとんど同じ場合などに適用しやすい手法とも言えます。

詳細リスク分析

詳細リスク分析は、組織における情報資産を洗い出し、それらに対する「脅威」と「脆弱性」を識別することで、情報資産ごとのリスクを評価する方法です。組織が大きい場合は、情報資産の識別やリスク分析を行うために各部門の協力が不可欠となることや情報資産が多岐に渡るため、情報資産の洗い出しやリスク特定などに時間や労力がかかりますが、情報資産ごとに内在するリスクを把握することが可能になるため、守るべき情報資産の価値やリスクの大きさに適したセキュリティ対策を検討できます。

　情報資産ごとに具体的かつ適切なリスク対応のためには、詳細リスク分析の実施が推奨されます。また、組織が保有する情報資産のすべてに対して詳細リスク分析を実施することが、組織のリソース的に容易でない場合は、優先順位を決めて、重要資産に対してのみ行う方法もあります。それが、組み合わせアプローチです。

組み合わせアプローチ

　組み合わせアプローチは、文字どおり、複数の分析手法を組み合わせて、効率的にリスク分析を行う方法です。ベースラインアプローチで、組織全体の状況を把握したいが情報資産ごとのリスクが見えてこない、また、詳細リスク分析を実施したいけどすべての情報資産に対して実施するには時間的に厳しいなど、いずれの分析手法にもある懸念点を改善するため、実施手法を組み合わせる手法です。

　組織におけるセキュリティ対策として、最低限の対策基準を定義して、全社に対して「ベースラインアプローチ」を実施し、また、顧客情報や個人情報を保有する部門に対しては、「詳細リスク分析」を実施する、といったリスク評価の方法を組み合わせて実施する手法です。

　リスク特定の手法は、1つに限定する必要はありません。組織の状況やリソースなどを踏まえて、複数のリスク分析手法を組み合わせた効果的なリスク分析の実施を検討すると良いでしょう（**表4-2**）。

4-3：リスクアセスメントの活用方法

　リスクアセスメントの分析手法は、それぞれに特徴や注意事項があるため、組織の規模や状況、取り扱う情報資産の重要度などに合わせて、適した分析手法を検討する必要があります（**表4-3**）。

　とくに実施にかかる時間や得られる結果が異なるため、実施目的に応じた分析手法を採用することが重要です。組織のリソースが確保できるのであれば、情報資産ごとに具体的なリスクと必要対策の検討が可能になる「詳細リスク分析」を推奨します。しかし、詳細リスク分析は、情報資産の洗い出しや脅威、脆

弱性によるリスク評価に、それなりの時間と労力がかかります。また、各部門の協力も不可欠です。

表4-2：各分析手法の特徴と注意点

分析手法	概要	特徴	注意点
非形式アプローチ	業務に精通した社内の有識者や外部の専門家などの知識や経験により、リスク評価を行う手法。人的な経験に頼ったリスク評価	短時間に実施可能（有識者や専門家による助言・コメントの形を取ることも多い）	担当者の知識や経験に依存するため、客観的な評価とならない可能性あり
ベースラインアプローチ	対策基準を設定し、その基準に従い、組織全体で一律にリスク評価を行う手法。インターネットなどから入手可能なガイドラインに記載された対策事項を参照することで、迅速に実施が可能	設定した対策事項に回答するだけなので実施が容易。対策基準が一律なので、部門毎など、対策状況の相対評価が可能	対策事項や基準が個別の情報資産に適さない場合あり（対策レベルが高すぎたり、低すぎたりする可能性あり）
詳細リスク分析	組織で保有する情報資産を洗い出し、情報資産の価値、脅威、脆弱性の大きさから情報資産ごとにリスクを評価する方法	情報資産の重要性や特性に応じた具体的なリスクの把握と対応が可能	情報資産や脅威、脆弱性の特定やリスク評価にリソースがかかる。情報資産を管理する各部門の協力が不可欠
組み合わせアプローチ	複数の分析手法を組み合わせて、効率的にリスク分析を行う方法（例：組織全体にはベースラインアプローチを実施し、重要な情報資産は詳細リスク分析を実施するなど）	リスク分析の組み合わせによって、時間的にも費用的にも、効率的な分析が可能	情報資産の特定が適切でない場合、重要資産に対する詳細リスク分析が漏れるなどの懸念あり

表4-3：分析手法ごとの特徴

	非形式アプローチ	ベースラインアプローチ	詳細リスク分析
分析対象	部分的・限定的	組織（全社または部門など）	情報資産
分析手法	知識・経験に基づく助言	対策項目と基準に基づく対応確認	情報資産に対する脅威、脆弱性、リスク評価
活用するもの	業務精通者・専門家	ガイドライン	情報資産管理台帳、リスク分析シート
実施時間	短期間（数日～）	中長期（数週間～）	長期間（数ヵ月）
分析結果	簡易的・部分的	簡易的・網羅的	詳細・網羅的
得られる情報	助言（指摘事項、懸念点、改善方法などに関するコメント）	対象組織の対策状況（基準への対応可否）	情報資産の重要性、情報資産に対する脅威、脆弱性、リスク

リスクアセスメントの進め方

リスクアセスメントは、段階的に進めていくのがよいでしょう（表4-4）。

表4-4：リスクアセスメントの手法に対する具体的な目的や把握できること

手法	実施目的	把握可能になること
非形式アプローチ	有識者や専門家による助言により、やるべきことを確認	対策観点（懸念事項や対策策）や方向性など
ベースラインアプローチ	全社共通の対策基準（最低限のベースライン）を定義し、包括的な対策状況を把握	対策基準を満たしていない部門やシステムの把握
詳細リスク分析	情報資産に基づいたリスクを評価し、事業影響が大きいリスク（関連する情報資産）を把握	優先的に対応をすべきリスク（関連する情報資産）を把握

●【STEP1】非形式アプローチ

　組織の中で業務に精通した方がいる場合は、情報セキュリティ上で懸念される課題や問題について、ヒアリングやインタビューを実施し、アドバイスやコメントを求めてみるとよいでしょう。非形式アプローチは、時間やコストをかけずに、手っ取り早く実施することが可能です。実際の業務経験から得られた知識や経験を有するベテラン社員からは、リスク分析を行う対象が適切であれば、自社における情報セキュリティの課題や対策の方向性など、非常に有益なアドバイスがもらえる可能性があります。ぜひ積極的に活用しましょう。また、継続的に実施しましょう。

　ただし、非形式アプローチだけでは、全体のリスク評価を網羅的に行うことは難しいです。非形式アプローチによる現状の課題や対策の方向性を把握できたら、続いてベースラインアプローチを実施してみましょう。

●【STEP2】ベースラインアプローチ

　体系的に対策項目を定義したチェックシートを活用することで、全社的な対策状況の把握が可能になります。部門ごとや情報システムごとに実施する場合でも、対策項目や基準が一律のため、現場の担当者でも内容を理解しやすいでしょう。これまで、非形式アプローチに依存してリスク分析やセキュリティ対策の検討を行ってきた組織は、ぜひベースライン分析を実施してみてください。自組織におけるセキュリティ対策の状況が、網羅的に俯瞰して見えてくること

でしょう。

　また、ベースライン分析で、現在のセキュリティ対策の全体像が把握できたら、次に詳細リスク分析に取り組むことを推奨します。

● 【STEP3】詳細リスク分析

　詳細リスク分析を実施することで、優先的に対応をすべきリスクを把握することが可能になります。企業経営において、事業影響が大きいリスクを把握しておくことは不可欠です。事業影響が大きいリスクが特定できれば、そのリスクに関連する情報資産も把握することができるため、ベースラインアプローチではできなかった、より具体的なセキュリティ対策の検討や実施が可能になります。

　また、詳細リスク分析を初めて実施する場合、初回だけは情報資産の特定や脅威、脆弱性の洗い出しなど、確認作業が多くなり、多くの時間や労力を必要とします。しかし、1回でも実施してしまえば、2回目以降の実施は、一度作成した情報資産管理台帳やリスク分析シートを元に、実施できます。自社環境や情報資産の変化などに対する点検作業が中心となるため、2回目以降は大変な作業ではありません。

　2回目以降の実施は、一度作成した情報資産管理台帳やリスク分析シートを元に、自社環境や情報資産の変化などに対する点検作業が中心となるため、効率的に実施することが可能です。

リスクアセスメント手法の組み合わせ方

　組織の中で扱う情報資産やIT環境が一括りで考えやすい小規模な組織（従業員50人以内程度）であれば、ベースラインアプローチを1〜2週間で実施することも可能です。また、組織が大きく、また部署やIT環境も多岐に渡る場合は、部署や同一にまとめられるIT環境毎（サーバシステム、OA環境、開発環境など）に、ベースラインアプローチを個別に実施するとよいでしょう。

　ベースラインアプローチは、情報資産に基づいた実施ではなく対策事項や基準が一律のため、情報資産やIT環境が多岐にわたる組織においては適さない場合もありますが、組織毎やIT資産のグループ毎に行うことで、組織における対策の全体像を把握することができるため、詳細リスク分析に入りやすくなります。

　詳細リスク分析を行う場合でも、比較的短期間に実施が可能なベースライン
アプローチを事前に実施しておくことで、効果的に活用することで、効率的な
詳細リスク分析が可能になる場合もあります。

　リスクアセスメントの目的は、自社において優先的に取り組む必要があるセ
キュリティ対策は何なのか、重点的にリソースをかけて対策を推進するべきこ
とは何か、といった「対策事項の優先順位」を明確にすること、認識することで
す。

　そのため、リスクアセスメントは、決まった手法だけを1択で実施するもの
ではなく、目的や対象、またかけられる時間や人、予算といったリソースなど
も考慮して、もっとも効率的なもの組み合わせて実施しましょう。実際の現場
においても、リスクアセスメントは、組織の規模や状況に応じて、複数の方法
を効率的に組み合わせて実施する「組み合わせアプローチ」が、多く活用されて
います。

4-4：リスク対応の考え方

　リスクアセスメントで自社のリスクが可視化されると、リスクの対応方針を
検討します。特定されたリスクの大きさや発生頻度などによって、**表4-5**のよ
うに4つの考え方があります。

リスク回避【影響度：大、発生頻度：大】

　リスクが大きすぎて、リスク軽減のための対策リソースが見合わない場合や、
リスクを保有することよりも、リスクが極端に大きい場合に、そもそものリス
クの発生要因を取り除くことです。新しくデータセンターを建設するプロジェ
クトがあり、数年以内に建設予定地で大規模地震が発生することが判明した場
合、地震発生による被害が大きすぎるため、リスク要因となる立地について再
検討を行うなどが考えられます。

リスク移転（転嫁）【影響度：大、発生頻度：低】

　リスクの発生頻度が低く、影響度が非常に大きい場合に、リスクを他者へ移
して（転嫁して）備えることです。情報漏えいが発生した場合の対応費用や補償

表4-5：リスク対応の考え方

リスク対応の種別	概要	対応例
リスク回避	リスクが極端に大きい場合に、そもそものリスクの発生要因を取り除くこと	プロジェクトの中止や仕切り直し、取引の中止など
リスク移転（転嫁）	リスクによる事業影響はあるが、発生頻度が高くないため、影響や責任を第三者に移しておくこと（すべてのリスクが移転できるわけではない）	サイバーセキュリティ保険への加入など
リスク保有（受容）	リスクによる影響度が小さいため、あえてリスク低減などのセキュリティ対策は行わず、受容すること	事前対応はしない（リスク発生時の対応確認など）
リスク低減	リスクの発生頻度を減らす、またはリスクによる影響を低くするなどの対策によりリスク低減を行う	ウイルス対策の導入、HDDの暗号化、バックアップなど

費用などに備えて、サイバーセキュリティ保険などへ加入しておき、万一、情報漏えいが発生した場合には、保険から対応費用を補填することなどがあります。しかし、リスクの移転によって、すべてのリスクへ対応できるわけではありません。情報漏えい等のインシデント発生した場合、直接被害はリスク移転しておいた保険などで補填されたとしても、金銭で解決できないような間接被害（社会的な責任や顧客や取引先からの信頼低下など）による事業影響は保証されません。

リスク保有（受容）【影響度：低、発生頻度：低】

特定されたリスクによる影響度が小さく、また発生頻度も少ないことで、あえてリスク低減などのセキュリティ対策は行わず、認知しているリスクとしてリスクを保有することです。会社支給のスマートフォンを落として壊れるリスクがある場合でも、個人の携帯で電話は可能なうえ、修理に出せば数日以内に直るため、予備のスマートフォンは用意しておかないといった例があります。

リスク低減【上記3つ以外】

残存する脆弱性に対して、情報セキュリティ対策を行うことで、脅威の発生可能性を低減することです。パソコンやスマートフォンの紛失・盗難による情報漏えいのリスクが有る場合、対象機器のパスワードでロックすることやハードディスクを暗号化することなどが考えられます。

　リスク対応は、リスク低減だけではなく、リスク回避やリスク移転、リスク受容という考え方もあります。リスク大きさに応じて、最適なリスク対応は何か、自社の中で、リスク対応に対する方針を整理しておくことが必要になります。

○図4-2：リスク対応の分類

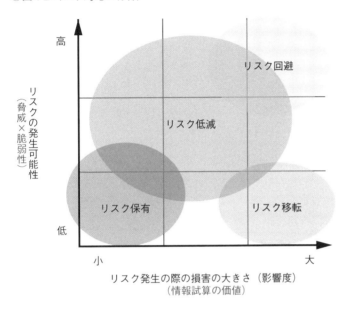

リスク発生の際の損害の大きさ（影響度）
（情報試算の価値）

　この章では、企業におけるリスク管理について見てきました。自社の情報資産に対するリスクを評価し、自社のリスクを認識することで、リスクに対する計画的にセキュリティ対応を推進することが可能になります。また、限りある経営資源を有効活用するためには、優先順位をもって、経営資源を適切に配分し、事業影響の大きいリスクから対応することが重要です。

Part 2

実践編

第 5 章
情報セキュリティ対策の全体像を理解しよう

　Part2では、組織的な情報セキュリティ対策の実践編として、具体的な対策の進め方や実施手順などについて説明します。

　実際に対策を推進するためには、場当たり的な対応ではなく、事業継続を意識した中長期を見据えた対策や推進に取り組む必要があります。そのため、まずは全体像を把握して流れを理解することが、本質的な対策を進めるうえでの第一歩となります。全体像を把握することで、各フェーズの実施目的やアウトプット、次のステップでやるべきことなど、対策を推進するサイクルが見えてきます。

　この章で、情報セキュリティ対策の全体像を説明します。

5-1：対策を推進するために重要なこと

　実際に対策を推進していくうえで重要なことが4つあります。

・経営層が先頭に立つ
・対策推進の全体像を把握する
・現状を把握し、リスクを明確にする
・PDCAに基づいて、組織一丸となって対策を推進する

　組織的な対策を推進するためには、まずは経営層が先頭に立って、組織を牽引する必要があります。経営層が率先して、情報セキュリティ対策を推進することが、企業が取引先や事業関係者、顧客などのステークホルダーとの信頼関係を維持し、ビジネス継続するうえでの重要な要素となります。

　また、情報セキュリティ対策の推進は、情報セキュリティ担当者だけが頑張って推進するものではなく、経営層、管理職、利用者を含め、組織一丸となって

実施することが重要です。また、リスクに基づいた計画に従い、PDCAを回していくことも重要になります。

　推進すべき対応が、計画どおりに実施されるか、また実施事項やポリシー／ルールが、適切に遵守されるかなどは、実際に情報資産を取り扱う従業員などの利用者にかかっています。利用者に対しても、必要な研修や教育を通して、情報や情報システムの取り扱いに対する理解と協力を得ることが必要です。

5-2：情報セキュリティ対策の流れ

　情報セキュリティ対策は、具体的な対策事項だけに注力するのではなく、対策の全体像を捉え、経営層を巻き込んだ組織的な対策の推進が重要になります。次のような流れで進めていきます（図5-1）。

図5-1：情報セキュリティ対策の全体像

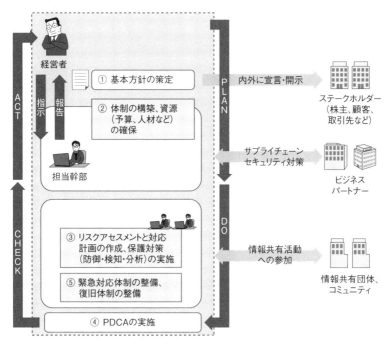

出典：サイバーセキュリティ経営ガイドライン（経済産業省）
URL https://www.meti.go.jp/policy/netsecurity/mng_guide.html

①基本方針を作る（トップが宣言する）

②体制を整備する（リソースを確保する）

③現状を把握する（リスクを明確にする）

④PDCAを回す（計画を作る／推進する／点検する／改善する）

⑤インシデントに備える（備えあれば憂いなし）

5-3：①基本方針を作る（トップが宣言する）

　情報セキュリティ対策は、情報セキュリティに対する自社の「基本方針」を作成することから始まります。情報セキュリティリスクをビジネスリスクの1つとして認識し、組織全体で情報セキュリティ対策を推進することを「基本方針」として策定します。

　基本方針では、情報セキュリティに対する組織全体の方針、情報セキュリティ対策を全社一丸となって推進するという宣言を行います。また、組織のミッションステートメントとなるため、経営層によって宣言する必要があります。通常は、社長や理事など組織のトップの名前で基本方針書を作成します。

基本方針を宣言する意味

　基本方針は、組織の従業員向けのメッセージだけではなく、事業のサービスを提供する顧客や取引先、関係会社など、社外に向けて宣言することも必要です。企業が事業を行ううえで、情報セキュリティに対する取り組みを組織内外へ明確に示すことで、企業として社会的な責任を果たし、顧客や関係各社などのステークホルダーに対して信頼を得るうえでも、非常に重要な意思表示となります。

　経営層の宣言により、株主、顧客、取引先といったステークホルダーからの信頼性を高め、自社の社会的価値の向上につながることなども期待できます。また、万一、情報セキュリティに関する事故が発生した場合は、その責任は、すべて組織のトップにあることを宣言することにもなります。

　企業の情報セキュリティは、基本方針書を作成し、自社の情報資産だけではなく、事業活動で取り扱う顧客の重要情報を適切に保護することや社会的責任を果たすことなどを明確に宣言することから始めましょう。

5-4：②体制を整備する（リソースを確保する）

セキュリティ対策を行うためには、情報セキュリティにおけるリスクを管理する体制が必要になります。組織内における情報セキュリティの管理体制を整備することで役割や責任が明確になり、リスク管理や対策に対して積極的な関与や対応が可能になります。また、日常的なリスク管理やインシデントに対する意識の向上なども期待できます。

体制を整備する際には、情報セキュリティを推進するための「体制図」を作成しましょう。体制図では、組織体系を取り、役職・役割・担当者名を明確にします。これで、情報セキュリティに関する体制の全体像、報告ライン、役職、役割、担当者名が把握できるようになります。また、すでにリスク管理部門や情報セキュリティ部門がある場合には、既存組織とも連携して、管理体制を構築しましょう。

担当者を誰にするか

体制を整備した後は、担当者を任命します。どんなに立派な体制図を作成しても、担当する人がいないと組織は機能しません。各役割を担うメンバーは、経営層、管理職、実務担当者、利用者などから構成します。また、情報セキュリティは専門的なので、社内で担当できる人がほとんどいない、と考える人もいるかもしれませんが、必ずしも、情報システムに関する知識は必須ではありません。

情報セキュリティは、情報システムにおけるリスク管理のため、当然、情報システムに対する知識や経験があれば有利ですが、リスク管理という観点でいうと、情報システムの知識よりも、リスク管理の基本を理解しておくことが重要になります。情報システムの技術に精通していても、リスク管理の基本を理解していないと情報セキュリティの推進は、適切に行うことはできないでしょう。

社内で今すぐリスク管理に精通した人を探す、となった場合、誰が適任でしょうか。情報システム担当者よりも経営層や管理職のほうが、リスク管理には精通しているはずです。リスク管理においては、リスクに対するマネジメント力

が必要となるため、経営層や管理職の方が日常的な業務の中で自然と培ってきた経験が生きてきます。また、リスク管理は日常の業務と密接に関係しますので、自社のリスク管理を推進するメンバーは、必ずしも専任者ではなくても、本来の業務との兼任であっても問題はありません。

　重要なことは、情報セキュリティを推進するには、現場の担当者にすべてを押し付けるのではなく、組織の経営層や管理職も巻き込んで、全社一丸となって推進することです。

5-5：③現状を把握する（リスクを明確にする）

　基本方針と体制が整備できたら、いよいよ情報セキュリティ対策の推進です。まず、最初に取り組むことは、組織の現状を把握することです。自社の情報資産を識別し、それらに対する脅威や脆弱性を確認することで、リスク評価を行います。リスクが特定されることで、優先的に対処すべきリスクが明確になります。情報セキュリティ対策において、対策を計画的に推進するためには、組織の現状を把握することが不可欠です。

　情報セキュリティは、対策製品などのモノの検討から入りがちですが、自社の守るべき情報資産を認識し、それらに対するリスクを評価しないことには、どんな対策をすべきか、判断ができません。もし、自社の状況を把握せずに、世の中で流行りの対策製品をやみくもに導入した場合、運よく、何かのリスク対応になるかもしれませんが、カバーしきれていないリスクが残存する危険性があります。情報セキュリティ対策で一番怖いことは、認識していない潜在リスクが、急に顕在化することです。認識できていないリスクには対応できません。

リスクアセスメントを実施する

　万一、その認識していなかった潜在リスクが、回避できないほど大きなリスクであった場合、たった一度のインシデントの発生で、会社が傾くこともあります。経営者であれば、常に自分たちが置かれた状況を冷静に、客観的に、俯瞰して把握し、想定される事業リスクに対する備えをしておくことは重要な経営課題と言えます。情報セキュリティは経営課題であることからも、自組織の

状況を把握し、潜在リスクが残存しないようにリスクを表面化し、計画的に対応を推進することが重要になります。

　自社の現状を把握し、優先的に対処すべきリスクを顕在化させるためには、リスクアセスメントの実施が必要となります。

5-6：④ PDCAを回す（計画を作る／推進する／点検する／改善する）

　組織において対処すべきリスクを把握でたら、PDCAサイクルで情報セキュリティを推進していきます。情報セキュリティ対策は、一度、実施すれば終わりというものではなく、企業が事業を行っているかぎり、ずっと続いていくものです。事業継続と同様に、PDCAサイクルによって計画的に、継続的に、推進をしていくことが必要になります。

　計画（Plan）、実行（Do）、点検（Check）、改善（Act）からなるPDCAサイクルは、製品管理などさまざまなプロセス管理に活用されますが、情報セキュリティの推進においてもPDCAサイクルが活用できます。情報セキュリティにおけるPDCAは、おおむね次のようになります。

- ・計画（Plan）　　：リスク対応計画を作成する
- ・推進（Do）　　　：計画に基づきセキュリティ対策を実施する
- ・点検（Check）　：対策の推進状況や効果などを確認し、リスク対応の状況を
　　　　　　　　　　確認する
- ・改善（Act）　　　：対策の推進や運用における課題を改善する

情報セキュリティのPDCA

　情報セキュリティ上のリスクを把握した後、それに基づいてリスク対応計画（通常は1年単位）を作成し、作成した計画に基づいてセキュリティ対策を実施していきます。

　PDCAサイクルに入る前に実施するリスクアセスメントで見えてきたリスクや課題が、そのままリスク対応計画の実施事項になります。また、リスク対応

の優先順位に従って、いつまでに、誰が、何を、対応するのかなどを明確にすれば、計画は完成です。

　計画ができれば、あとはそれぞれの実施事項ごとに割り当て割れた担当者を中心に実行していきますが、情報セキュリティ対策は、実施しただけでは不十分です。

　計画に基づいた対策の実施が、リスク対応に効果がでているか定期的に点検し、実施状況や効果などを確認することが重要です。点検によって、推進している対策や運用状況に課題が確認された場合は、改善策を検討し、対策の方向性や実施内容を修正します。この点検・改善が、次の新しい計画となり、その後の対策の推進へと繋がっていきます。

　情報セキュリティが、一過性の施策として終わらないよう、組織的な対策推進となるよう、計画性をもって、継続的に情報セキュリティを維持していくことが可能な仕組み作りをしていきましょう。

5-7：⑤インシデントに備える（備えあれば憂いなし）

　組織におけるリスクを明確にし、計画に従って対策を推進していても、発生するのがインシデントです。

　情報セキュリティ対策は、どこまで万全に実施していたとしても、インシデントは発生します。リスクは完全にゼロにすることができず、残存リスクが存在します（リスクアセスメントを実施していない場合は、認知していない大きなリスクが顕在化する懸念もあります）。また、サイバー攻撃が巧妙化していることや情報資産を取り扱ううえでのポリシーや運用ルールを徹底することが容易ではないことなども、インシデント発生の要因です。

　組織では、可能なかぎり、情報セキュリティ上のリスク低減し、インシデントの発生を抑制するためにセキュリティ対策を推進していますが、それでも発生してしまうのがインシデントなのです。

インシデントは完全にはなくせないことを前提とする

　インシデントの発生を完全になくすことができなければ、どうすればよいでしょうか。「インシデントは発生するもの」という意識を持ち、インシデントの

発生を前提とした対策の準備が必要になります。あらかじめインシデント発生を想定した対策を準備していないと、インシデントに対する対応や役割が不明確で、迅速に対応できず、被害が拡大する恐れがあります。迅速な対応ができないということは、インシデントの長期化に繋がり、事業への影響も大きくなります。関係各所への連絡なども、都度、確認していては、なかなか迅速な対応は望めません。

インシデントは、いつ発生しても対応が可能なように、常に備えておくことが重要です。インシデントが発生に備えた対策を、日頃から実施しておけば、迅速な対所が可能となり、被害を局所化し、事業への影響を最少化することができます。

迅速にインシデントに備えるために

インシデントに迅速に備えるためには、あらかじめ発生が想定されるインシデントを定義し、対応体制や対応フローなどを整備します。インシデントに対応する体制は、CSIRT（Computer Security Incident Response Team）と呼ばれます。CSIRTでは、インシデントの検知や初動対応、根本対応や改善といった機能や役割を持ち、インシデントに対する迅速対応や発生後の再発防止策の検討などを行います。発生したインシデントの原因をしっかり調査し、再発防止策を徹底していくことで、組織のセキュリティは、より強固になっていきます。また、CSIRTや従業員などに対して、インシデントに対する対応訓練などを実施し、インシデントに対する対応の意識やスキル向上に努めることも重要です。

インシデントは発生するものと割り切った意識を持つこと、インシデント対応の教訓を生かすことで、セキュリティを強化する良いチャンスと前向きに考えることが重要です。

備えあれば憂いなし。自組織にインシデント発生の意識と緊張感を持ち、いつインシデントが発牛して、迅速な対応ができるよう、常に準備をしておきましょう。

第 6 章
基本方針と体制図を作成しよう

　セキュリティ対策の推進では、まずは、組織の方針を明確にしておくことが重要です。何のためにセキュリティ対策を実施するのか、どのように取り組んでいくのかなど、組織の内外へ情報セキュリティの推進目的や行動指針などを示します。また、組織の中で情報セキュリティを推進するチームを作り、役割や担当者を明確にすることも重要になります。これら情報セキュリティに取り組む方針や推進体制は、情報セキュリティの推進のための重要な基盤となります。

　この章では、情報セキュリティ対策を推進するための基盤となる情報セキュリティポリシーについて確認し、対策推進の第一歩となる「基本方針」と「体制図」の作成方法を確認していきましょう。

6-1：情報セキュリティポリシー

　情報セキュリティに関する管理文書は、「基本方針」「対策基準」「実施手順」という3つの文書で構成されることが一般的です。それぞれの文書は、基本方針が「ポリシー」、対策基準が「スタンダード」、実施手順が「プロシージャ」と呼ばれます（表6-1）。

情報セキュリティに関する管理文書

　組織における情報セキュリティ対策の方針や実施すべき対策の基準を定めた「基本方針」と「対策基準」の2つを指して「情報セキュリティポリシー」と呼ばれます。実施手順は、情報システムの管理手順や操作実施などが記載された運用手順書となる場合が多く、監査などが実施される場合の基準として参照されます。

　基本方針は、情報セキュリティに対する姿勢や考え方を示すものです。「なぜ、セキュリティ対策を実施するのか？」という目的や必要性などが記載されま

表6-1：情報セキュリティに関する管理文書

管理文書	意味	概要	文書例
基本方針 （ポリシー）	なぜやるのか	情報セキュリティ対策に対する考え方を示したもの。組織がどのような情報資産を、どのような脅威から、なぜ守らなければいけないのか、といった対策の必要性や取り組み姿勢などが記載される	基本方針書、情報セキュリティ宣言など
対策基準 （スタンダード）	何をやるのか	基本方針を実現するために、何をしなければいけないかを示したもの。情報セキュリティを確保するために実施すべき行動や判断の基準などが記載される	管理規定・規則など
実施手順 （プロシージャ）	どうやるのか	対策基準の実施事項をどのようにやるのか、具体的な実施手順を示したもの。情報システムや関連業務における実施手順や管理手順などが記載される	運用手順書、業務管理マニュアルなど

す。一般的には、「基本方針書」や「宣言書」という形で作成し、組織内外に広く示すものになります。

　基本方針に基づいて、具体的な実施事項と基準などを定義したものが対策基準です。対策基準では、情報セキュリティを維持するために「何を実施するのか？」という具体的な実施事項やその実施する際の基準などが記載されます。組織の中では、こうしなさい、ああしなさい、といった業務に関連した管理規定や規則、ルールを定めている文書があると思いますが、それの情報セキュリティ版と考えるとよいでしょう。情報セキュリティを維持するために従業員が遵守すべきルールを記載した文書です。会社の中では、通常、「～に関する管理規定」や「～規則」といった文書で作成されます。

　また、この対策基準で定義された実施事項や基準に従い、実際に情報システムを取り扱う従業員が「どのように実施するのか？」という具体的な手順などが記載されたものが「実施手順」です。情報システムや各種情報の取り扱いに関して、具体的な手順が記載された文書で、一般的には、運用手順書や業務手順書といった文書で取りまとめられます。

情報セキュリティポリシーの必要性と効果

　情報セキュリティポリシーは、なぜ必要なのでしょうか。また、どんな意味

や効果を持つのでしょうか。

　情報セキュリティポリシーは、組織における憲法や法律のような存在です。世界中、どんな国であっても、法治国家であれば、国の憲法や法律は存在します。憲法や法律では、行動規範や義務や権利、規制や罰則について定義し、国の秩序を守ります。もし、憲法や法律が存在しないと、何でもありの無秩序な世の中となってしまいます。なんでもありの世の中で一番怖いのは、善悪の分別なく人の命や権利を奪うことです。

　企業経営で考えた場合も同じです。憲法や法律にあたるルールが存在しなければ、企業経営は成り立たないでしょう。そのため、企業においては、組織におけるさまざまな規則や規定により、不正行為や不祥事の発生を防止します。これが、いわゆる「コーポレートガバナンス（企業統治）」です。つまり、国や企業を統治し、不正な行為を防ぐためには憲法や法律のような決め事（ルール）が必要になるのです。

　情報セキュリティの維持は、コーポレートガバナンスの1つとしても考えられます。情報資産を守るためのルールが、組織の中に存在していなければ、従業員は、何をすべきか、何をするべきではないか、といった判断をすることができません。組織で定義したルールや判断基準がなければ、従業員が勝手に部外者に漏えいしたり、権限がない情報を不正に閲覧したり、改ざんするといった行為が、無意識に行われてしまうかもしれません。情報セキュリティは、対策製品を導入するといった対策の以前に、まずは、組織におけるルールを定義することが重要になります。

　組織の情報セキュリティに対する考え方、行動指針、基本的な実施事項など定義し、定義に基づいて、情報セキュリティの維持・確保に努めることが必要になります。そして、情報セキュリティを維持するために必要な考え方やルールを定義したものが、「情報セキュリティポリシー」なのです。

　情報セキュリティポリシーが存在することで、従業員は、情報セキュリティの維持に必要となる行動基準を判断することができ、適切に情報の管理が行えるようになります。情報セキュリティポリシーは、組織にとって、非常に重要な意味を持つ文書であり、組織における情報セキュリティは、これらの文書に記載された考え方や実施事項、判断基準を原理原則として、日々の業務における情報管理を行うことになります。

情報セキュリティポリシーを周知して理解してもらう

「情報セキュリティポリシーは既に作成しているよ」という組織は多いと思いますが、情報セキュリティポリシーは、作成するだけでは意味がなく、何の効果も発揮しません。

従業員の方に「自社の情報セキュリティポリシーは知っていますか？」「情報セキュリティポリシーを理解していますか？」と聞いてみましょう。不明瞭な回答を返されてしまう場合は、組織の中で情報セキュリティポリシーが認知されていない可能性があります。

情報セキュリティポリシーがすでに作成されていたとしても、組織の中で認知されていなければ、存在していないと同じです。また、理解されていない場合も効果は発揮されません。情報セキュリティを維持するために必要な考え方や実施事項、判断基準が理解されていなければ、従業員は、意図せず、情報セキュリティを逸脱した行動や判断をしてしまう可能性も考えられます。

組織的な対策の推進では、情報セキュリティを維持するために、何をすべきなのか、何をすべきではないのか、といった考え方や判断基準を明示し、自社の情報資産を取り扱うすべての人に、組織の情報セキュリティポリシーを周知・徹底することが重要になります。

● 周知を徹底することで期待できる効果

情報セキュリティポリシーや管理規定などは、全従業員に周知し、認知と理解をしてもらうことで、組織的な対策推進が可能になります。そのためには、従業員の方にも理解してもらえる言葉や内容で、ガイドブックなどを作成するとよいでしょう。

ちょっと小難しい対策基準や管理規定などを、そのまま理解してもらうのは容易ではないため、従業員の方々にさっと読んでもらえる冊子やガイドブックを作成し、全従業員へ配布しましょう。また、定期的に社内で情報セキュリティ研修や勉強会を実施することで、情報セキュリティポリシーに対する従業員の理解を促進し、情報セキュリティの維持・強化を図ることが期待できます。

情報セキュリティポリシーを周知・徹底し、従業員に理解してもらうことで、次のような効果が期待できます。

・基本方針を作成し、組織内外へ明示することで、取引先や顧客への信頼向上
　が図れる
・情報セキュリティポリシーを理解し、遵守することで、インシデントの発生
　を抑制する
・対策基準や実施手順を整備することで、インシデント発生時に迅速な対応が
　可能になる

6-2：基本方針書

基本方針書は、情報セキュリティポリシーの根幹となるものです。

情報セキュリティ対策は、情報セキュリティに対する自社の「基本方針」を策定することから始まります。情報セキュリティリスクをビジネスリスクの1つとして認識し、組織全体で情報セキュリティ対策を推進することを「基本方針」として策定します。

基本方針では、情報セキュリティに対する組織全体の方針、情報セキュリティ対策を全社一丸となって推進する、という宣言を行います。また、組織のミッションステートメントとなるため、組織層によって宣言を行う必要があります。通常は、社長や理事など組織のトップにより基本方針書が策定されます。

組織のトップの名前で策定する意味

もし、基本方針が経営層によって宣言されていないと、情報セキュリティリスクへの対応やセキュリティ対策など、組織の方針として受け入れられない事態や組織で一貫した対策とならないなど、対策推進に大きな問題が生じる可能性があります。また、トップの名前を宣言することで、情報セキュリティに関する責任の所在を明らかにすることも可能になります。

また、基本方針は、組織の従業員向けのメッセージだけではなく、事業のサービスを提供する顧客や取引先、関係会社など、社外に向けて宣言することも必要です。企業が事業を行ううえで、情報セキュリティに対する取り組みを組織内外へ明確に示すことで、企業として社会的な責任を果たし、顧客や関係各社などのステークホルダーに対して信頼を得るうえでも、非常に重要な意思表示となります。

　経営層の宣言により、株主、顧客、取引先といったステークホルダーからの信頼性を高め、自社の社会的価値の向上につながることなども期待できます。また、万一、情報セキュリティに関する事故が発生した場合は、その責任は、すべて組織のトップにあることを宣言することにもなります。

　基本方針書は、組織内外に対する宣言であると同時に、情報セキュリティを推進する部門や担当者にとっても、非常に重要な意味を持ちます。とくに組織のトップの名前で策定することが重要です。組織のトップの名前で基本方針書が策定されることで、実務担当者は、トップの名前を傘に、積極的にセキュリティ対策を推進することが可能になります。業務を優先して、セキュリティ対策を疎かにするような部門や担当者がいる場合には、基本方針書を印籠のごとく掲げて、トップの宣言に従い、大手を振って堂々と対策を推進しましょう。

基本方針書に記載する内容

　それでは、基本方針書を作成していきましょう。一般的には次の内容を記載します。

- ・経営者の責任
- ・社内体制の整備
- ・従業員の取り組み
- ・法令および契約上の要求事項の遵守
- ・違反および事故への対応

　組織としての情報セキュリティに対する取り組むため、まずは、組織のトップである経営者の責務を最初に記載します。そのうえで、情報セキュリティを推進するために必要となる体制や規定を整備すること、従業員に対する取り組みにより、組織一丸となって推進することを示します。また、自社のことだけではなく、ステークホルダーや社会的な責任に対しても、法令やお客様からの要求事項に対する遵守、万一、違反や事故が遭った場合の対処などを含めて、基本方針書が作成されます。

基本方針書のサンプル

　実際に基本方針書を作成する場合に、一から文面をすべて考えるのは大変です。そこで、すでに作成されているサンプルを参考に、自社版の基本方針書を作成しましょう。ここでは、組織トップによる宣言をすることが重要な意味を持ちますので、記載内容そのものは、既存サンプル文書を流用し、作成する形で問題ありません。サンプルが自社に遭わない場合などは、文面を修正してください。

　本書では、情報処理推進機構（IPA）から「中小企業の情報セキュリティ対策ガイドライン」の「付録2」として提供されているものをサンプルとして紹介します（図6-1）。

・中小企業の情報セキュリティ対策ガイドライン
URL https://www.ipa.go.jp/security/keihatsu/sme/guideline/

　図6-1は、一般的な文面となっていますが、基本的な内容が簡潔に押さえられていて、非常によくできた基本方針書です。

　とくに「経営者の責任」では、「経営者主導で組織的かつ継続的に情報セキュリティの改善・向上に努めます。」と力強く宣言しています。経営者は、先頭に立ってセキュリティ対策を行う責務がでてくるので、非常に良いです。また、「社内体制の整備」では、情報セキュリティのために「組織を設置すること」「社内の正式な規則とすること」が記載されており、「従業員の取組み」では従業員に対する「情報セキュリティの知識や技能を習得させること」まで記載されています。

　方針書は、対外的にも宣言しますので、こういった「体制や規定類の整備」や「従業員への教育」の取り組みが記載された方針書を、組織のトップの名前で宣言することは、組織的な対策推進を行ううえでは、非常に重要な意味を持ちます（組織のトップに対して、セキュリティに取り組む責任を認識してもらう、良い機会にもなります）。

　情報セキュリティ対策は、基本方針書を作成し、自社の情報資産だけではなく、事業活動で取り扱う顧客の重要情報を適切に保護することや社会的責任を果たすことなどを明確に宣言することから始めましょう。

図6-1：情報セキュリティ基本方針（サンプル）

情報セキュリティ基本方針

株式会社 ○○○○（以下、当社）は、お客様からお預かりした情報資産を事故・災害・犯罪などの脅威から守り、お客様ならびに社会の信頼に応えるべく、以下の方針に基づき全社で情報セキュリティに取り組みます。

1. 経営者の責任
   当社は、経営者主導で組織的かつ継続的に情報セキュリティの改善・向上に努めます。

2. 社内体制の整備
   当社は、情報セキュリティの維持及び改善のために組織を設置し、情報セキュリティ対策を社内の正式な規則として定めます。

3. 従業員の取組み
   当社の従業員は、情報セキュリティのために必要とされる知識、技術を習得し、情報セキュリティへの取り組みを確かなものにします。

4. 法令および契約上の要求事項の遵守
   当社は、情報セキュリティに関わる法令、規制、規範、契約上の義務を遵守するとともに、お客様の期待に応えます。

5. 違反及び事故への対応
   当社は、情報セキュリティに関わる法令違反、契約違反及び事故が発生した場合には適切に対処し、再発防止に努めます。

制定日：200○○年○月○日
株式会社○○○○
代表取締役社長　○○○○

出典：IPA（独立行政法人情報処理推進機構）、**URL** https://www.ipa.go.jp/files/000072146.docx

6-3：体制図／組織図

続いて推進体制を作りましょう。基本方針書でも「社内体制の整備」として、組織の設置を宣言しています。セキュリティを推進するための「体制整備」は、経営層の責務です。組織一丸となって取り組むためには、次のような観点が重要になります。

・経営者が積極的に参画すること（経営者を巻き込むこと）

・対策推進の責任者を明確にすること（CISO[注1]を任命すること）
・各部門の責任者を巻き込むこと（各部門にも対策推進の意識を持たせること）

　情報セキュリティの推進は、全社的な取り組みとなるため、一部門に任せて後よろしく、というわけにはいきません。また、情報システム部門が、なんとなく情報セキュリティも担当すると考えていると危険です。情報システム部門の本来の役割としては、組織が活用する情報システムの安定的な利用や運用を支えることが業務であることが多いため、業務の中に情報セキュリティが明示されていない場合もあります。同じITだからとして、なし崩し的にセキュリティ対策を情報システム部門に押し付けていると、情報セキュリティに関する業務責任の所在が曖昧になります。

　インシデントは、目の前で火事が起こっているようなものです。インシデント対応は、迅速な対応が肝心です。対応の遅れは、被害の拡大に繋がります。インシデントが発生した場合に、誰が対応すべきか、責任者は誰なのかといった、お互いで状況を見合うようなことでは、収まるインシデントも収まらなくなります。気付いたボヤや火事に対して、消火活動を行う役割が明確に決まっていないと、当然、火事はどんどん大きくなり、被害はますます大きくなってしまうのです。

　情報セキュリティの推進を組織一丸となって取り組むためには、経営者が積極的に参画すること、対策推進の責任者を明確にすること、各部門の責任者を巻き込んで、全社的に推進することなどが必要です。また、組織の中で、すでに危機管理部門、リスク管理部門といった、情報セキュリティの推進体制に近いものがある場合は、既存組織との整合性や連携を取ることも必要になります。

どのような体制がよいのか

　では、セキュリティを推進するうえでは、どんな体制を設置するとよいのでしょうか。まずは具体的な推進体制の例を見てみましょう（図6-2）。

　まず、情報セキュリティを推進する体制を「チーム」として定義します。既存で存在する部署などの組織図を超えた、全社横断のプロジェクトチームのような体制です。

注1）　Chief Information Security Officer。情報セキュリティ管理最高責任者。

図6-2：情報セキュリティの推進体制（例）

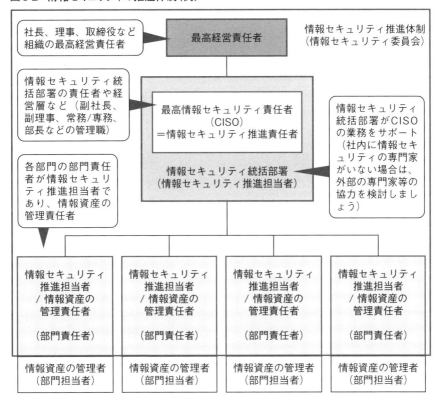

組織によっては、情報セキュリティを担当する部門がすべての推進を担う場合がありますが、各部門から兼務（兼任）で担当者を立てて、情報セキュリティの推進体制に巻き込むことを推奨します。情報セキュリティ部門だけですべての対策を推進してしまうと、各部門の責任者や担当者は、「情報セキュリティの推進は、自分たちの役割ではない（情報セキュリティ部門の仕事だ）」と認識したり、当事者意識が薄れるなど、全社的な対策の推進に対して能動的に動かなくなる恐れがあります。

　情報セキュリティの専任担当を割り当てる難しい課題に直面している組織は多いですが、社員に当事者意識を持たせ全社横断的に対策を推進するには、専任組織よりも、本来の業務を持つ各部門担当者が兼務するほうが良い効果を発揮します。

体制を構成する担当者の役割

　ここでは体制の名称を「情報セキュリティ委員会」としています。各担当者の
おもな役割は表6-2のようになります（各担当者の名称は、組織に合ったもので
かまいません）。

表6-2：推進体制の各担当者の役割

立場（ポジション）		主な役割と責務	担当者
委員長		情報セキュリティに関する最終的な責任者。組織の危機管理一環として、組織の経営責任者が担う	社長、理事、取締役など経営層
最高情報セキュリティ責任者（CISO）		組織の経営や事業戦略を理解し、情報セキュリティ対策の立案や推進に関する責任者。組織経営や事業推進におけるリスクを管理すること。また、経営陣にリスクや対策状況を報告し、必要な施策推進の了承を得ること	情報セキュリティを統括する部門の責任者
情報セキュリティ推進担当者	CISOサポートチーム	情報セキュリティの推進の実務を担う担当者。組織における対策推進を中心となって推進する。また、情報セキュリティ統括部門のメンバーは、部門責任者が担うCISOの業務をサポートする	情報セキュリティを統括する部門のメンバー
	情報資産の管理責任者	情報セキュリティの推進の実務を担う担当者。管理部門の情報資産を管理する責任者。組織的な対策推進に協力するとともに、管理部門の中で情報資産の管理担当者を任命し、対策を指示・推進する	各部門の責任者（部門長など）

　では、この情報セキュリティ委員会を構成する各ポジションの役割を見てい
きましょう。

情報セキュリティ委員会の委員長
【経営層（社長、理事、取締役など）】

　情報セキュリティ委員会のトップ「委員長」には、事業経営における組織の責
任者（経営層）を配置します。基本方針書の宣言をした社長や理事、取締役です。
体制の整備や対策推進に必要となる経営資源の割り当ては、経営判断であり、
組織として情報セキュリティに関する最終的な責任を持つのも経営者です。

　情報セキュリティ委員会と経営層が分離して配置される場合は、密な報告や連携を取らないと、情報セキュリティ上の課題やリスクをなかなか理解してもらえない場合があります。組織によっては、情報セキュリティの推進体制が、情報システム部門だけで完結しているケースも稀にあります。このような場合も、経営層の理解を得られず、なかなか全社的な施策に繋がらないことがあります。経営層に、情報セキュリティの責任を持つことを強く認識してもらう意味でも、情報セキュリティの推進体制には、経営層を必ず巻き込みましょう。

　また、基本方針書を宣言した経営層は、組織内外に対して責務を持つ人になることからも、推進体制のトップに据えることは必須と考えましょう。情報セキュリティを推進する責任者や担当者は、個別事案の権限や責任を持ったとしても、最終的な事業経営における責任は、組織の経営層が取らざるを得ません。組織的な責任を明確にし、全社一丸となって、組織的な対応を推進するうえでも、必ず、経営層を推進体制のトップに記載しましょう。

最高情報セキュリティ責任者（CISO）【情報セキュリティ部門の責任者】

　最高情報セキュリティ責任者は、経営層の右腕として、組織の事業経営を理解したうえで、情報セキュリティ対策に関する責任を持つ方です。こうした組織における情報セキュリティの最高責任者は、CISO（Chief Information Security Officer）と呼ばれることもあります。CISOは、組織の経営や事業推進におけるリスクを適切に管理することがおもな役割です。また、経営陣に対して、リスクや対策状況を適切に報告し、必要なセキュリティ対策に承認を得ながら推進することも重要な業務です。とくに経営者が事業リスクを認識、判断できる材料を提供すること、リスク対応にかける経営資源（ヒト、モノ、カネ）の判断が可能な情報を提供することなどが求められます。

　そのため、このポジションは、情報セキュリティを統括する部署の責任者や経営層が担当するのが良いでしょう。組織の中で、情報セキュリティに精通した人がいない場合、外部の専門家に担当させようと考える組織もありますが、CISOは外部者に任せるべきではありません。なぜなら、組織の事業責任を、外部者に押し付けるわけにはいかないからです。

　情報セキュリティに精通した専門家は、探せばいるかもしれませんが、自社

の経営や事業戦略は、自社の社員でないと理解が難しいことがあります。また、何より、情報セキュリティは、組織経営における危機管理の一環であるため、外部者では、そのリスクや事業責任を負うことはできません。

外部の情報セキュリティに精通した専門家には、あくまでCISOを支えるサポート役をお願いし、CISOは自社の中で責任ある立場の方に担ってもらうことをお勧めします。

情報セキュリティ推進担当者

情報セキュリティ対策の推進に関して、CISOと連携し、具体的な計画立案やその実行の実務を担当するのが推進担当者です。推進担当者は、情報セキュリティを統括する部門の担当者を中心としつつも、各部門の責任者を任命し巻き込むことで、全社的な推進体制とすることを推奨します。

ここでは、推進担当者の中心を担う情報セキュリティの統括部門を、「CISOサポートチーム」とし、各部門の責任者（部門長）などを各部門における「情報資産の管理責任者」として、各役割を解説します。

● CISOサポートチーム【情報セキュリティ部門のメンバー】

セキュリティ対策の推進を中心で担うとともに、CISOの業務をサポートする人で、情報セキュリティを統括する部門のメンバーが担当するとよいでしょう。具体的な推進計画の立案や計画に基づいた実施など、具体的に実務を遂行する人です。

情報システムや情報セキュリティの技術に詳しい人がいるのが望ましいですが、セキュリティの対策分野は、技術的な分野だけではありません。むしろ、技術的対策の理解の前に、本書（次章以降）で解説するリスク対応の考え方や評価など、セキュリティの本質的なことを理解していることが重要になります。

また、情報セキュリティに精通した担当者が社内にいない場合は、外部の専門家に協力や支援をしてもらうことを検討しましょう。外部の専門家に、対策推進の助言をもらうとともに、セキュリティ関連業務を通じた知識や経験などのナレッジ共有による自社人材の育成などもあわせて行うことを意識すると良いでしょう。

● 情報資産の管理責任者【部門責任者】

推進担当者は、情報セキュリティの統括部門のメンバーだけではなく、各部

門の部門長クラスの責任者を任命し、全社的な推進体制を確立しましょう。また、各部門の責任者には、管理部門の情報資産の管理責任者を併任させることで、管理部門の情報セキュリティの責任も明確にすることができます。全社の取り組みとして推進するセキュリティ施策について、知らない、認識していない、という部門がないように、各部門を巻き込んで、自社の情報セキュリティの維持の一部を担っている意識を持ってもらうことも重要になります。

　ここで説明した推進体制図の例をベースに、組織の担当者を当てはめてみると、図6-3のようになります。このような推進体制により、定期的（月に１回程度）に社内で会合を開催し、対策検討や計画に対する対応状況の確認、情報共有などを行うことで、全社的なセキュリティ対策の推進が可能になります。

　それぞれの担当者が決まれば、いよいよ、具体的なセキュリティ対策の推進になります。具体的な対策の検討や推進に入る前に、自社の組織や状況を踏まえて、推進体制を整備しましょう

図6-3：情報セキュリティの推進体制（担当者を割り当てた例）

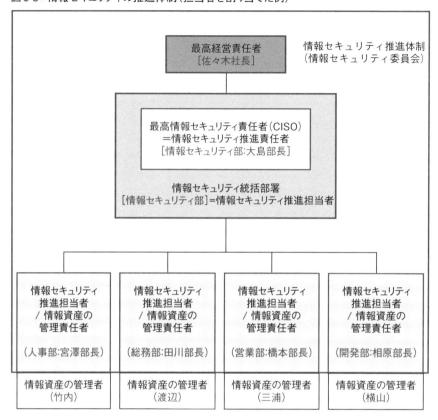

第 7 章
計画を立案しよう

　効果的なセキュリティ対策を推進するためには、組織の現状を把握して、リスクを特定することが何よりも大切です。リスクを特定して評価する「リスクアセスメント」にはさまざま手法がありますが、本章では、実施しやすい「ベースラインアプローチ」と本格的な分析手法である「詳細リスク分析」の進め方について説明し、計画表を作成していきます。

7-1：ベースラインアプローチの進め方

　ベースラインアプローチは、共通の対策基準（ベースライン）を設定し、対応状況を確認していく方法です。対策基準を最初に決めてしまえば、あとは対象部門などにチェックリストを配布して、状況を回答してもらうだけで状況を把握できます。また、自社以外に、取引先企業や関係先企業のセキュリティ対策の対応状況を比較して評価する際にも活用ができます。

　では、実際にベースラインアプローチを実施してみましょう。といきたいところですが、何を基準とすればよいかわからない、もしくは対策項目や基準を一から考える必要があるのではないか、と思う方もいるかもしれません。

　心配は無用です。すでにインターネット上で公開されているものを活用できます。

5分でできる! 情報セキュリティ自社診断（IPA）

　図7-1は、情報処理推進機構（IPA）によって公開されている自社のセキュリティ診断のチェックリストです。カテゴリ毎に分類された診断項目（合計25項目）に回答することで、自社の情報セキュリティ対策の状況について把握できます。

　次のWeb サイトにアクセスすると、オンライン版とダウンロード版（PDF）があります。

・5分でできる！情報セキュリティ自社診断

URL https://www.ipa.go.jp/security/keihatsu/sme/guideline/5minutes.html

図7-1：新 5分でできる! 情報セキュリティ自社診断

出典：独立行政法人 情報処理推進機構（IPA）、**URL** https://www.ipa.go.jp/files/000055848.pdf

なお、利用に適しているのは次のような組織です。

・小規模な組織（従業員が50名以内程度、部署が多くないなど）
・IT環境（パソコンの利用環境）が統一されている組織

● 基準とする診断項目

『新 5分でできる！ 情報セキュリティ自社診断』診断項目に対策分野を追記したものが表7-1です。

基本的対策（No.1〜5）は、企業の業種や規模を問わずに、必ず実施すべき対策事項です。実際には、対策の有無だけではなく、運用の実態や状況を把握するようにしましょう。たとえばNo.1（「脆弱性対策」の「常に最新の状態にしていますか？」）については、次のように具体的な対応方法や環境を確認するようにしましょう。

・アップデートは自動で実施しているのか、手動で実施しているのか
・どのくらいの頻度で更新されているのか
・最新の状態であることはどのように確認をしているのか

表7-1：診断編に記載された診断項目（25項目）

	No.	対策分野	確認内容
Part 1：基本的対策	1	脆弱性対策	パソコンやスマホなど情報機器のOSやソフトウェアは常に最新の状態にしていますか？
	2	ウイルス対策	パソコンやスマホなどにはウイルス対策ソフトを導入し、ウイルス定義ファイル（コンピュータウイルスを検出するためのデータベースファイル「パターンファイル」とも呼ばれる）は最新の状態にしていますか？
	3	パスワード管理	パスワードは破られにくい「長く」「複雑な」パスワードを設定していますか？
	4	機器の設定	重要情報（営業秘密など事業に必要で組織にとって価値のある情報や顧客や従業員の個人情報など管理責任を伴う情報のこと）に対する適切なアクセス制限を行っていますか？
	5	情報収集	新たな脅威や攻撃の手口を知り対策を社内共有する仕組みはできていますか？

Part 2 ：従業員としての対策	6	電子メール	電子メールの添付ファイルや本文中のURLリンクを介したウイルス感染に気をつけていますか？
	7	電子メール	電子メールやFAXの宛先の送信ミスを防ぐ取り組みを実施していますか？
	8	電子メール	重要情報は電子メール本文に書くのではなく、添付するファイルに書いてパスワードなどで保護していますか？
	9	無線LAN	無線LANを安全に使うために適切な暗号化方式を設定するなどの対策をしていますか？
	10	Web利用	インターネットを介したウイルス感染やSNSへの書き込みなどのトラブルへの対策をしていますか？
	11	バックアップ	パソコンやサーバーのウイルス感染、故障や誤操作による重要情報の消失に備えてバックアップを取得していますか？
	12	保管のルール	紛失や盗難を防止するため、重要情報が記載された書類や電子媒体は机上に放置せず、書庫などに安全に保管していますか？
	13	持ち出しルール	重要情報が記載された書類や電子媒体を持ち出す時は、盗難や紛失の対策をしていますか？
	14	事務所の安全管理	離席時にパソコン画面の覗き見や勝手な操作ができないようにしていますか？
	15	事務所の安全管理	関係者以外の事務所への立ち入りを制限していますか？
	16	事務所の安全管理	退社時にノートパソコンや備品を施錠保管するなど盗難防止対策をしていますか？
	17	事務所の安全管理	事務所が無人になる時の施錠忘れ対策を実施していますか？
	18	情報の安全な処分	重要情報が記載された書類や重要なデータが保存された媒体を破棄する時は、復元できないようにしていますか？
Part 3 ：組織としての対策	19	守秘義務の周知	従業員に守秘義務を理解してもらい、業務上知り得た情報を外部に漏らさないなどのルールを守らせていますか？
	20	従業員教育	従業員にセキュリティに関する教育や注意喚起を行っていますか？
	21	私物機器の利用	個人所有の情報機器を業務で利用する場合のセキュリティ対策を明確にしていますか？
	22	取引先管理	重要情報の授受を伴う取引先との契約書には、秘密保持条項を規定していますか？
	23	外部サービスの利用	クラウドサービスやWebサイトの運用などで利用する外部サービスは、安全・信頼性を把握して選定していますか？
	24	事故への備え	セキュリティ事故が発生した場合に備え、緊急時の体制整備や対応手順を作成するなど準備をしていますか？
	25	ルールの整備	情報セキュリティ対策（上記のNo.1〜24など）をルール化し、従業員に明示していますか？

※出典：『新5分でできる！ 情報セキュリティ自社診断』、独立行政法人 情報処理推進機構(IPA)

　No.6〜25は、従業員および組織として実施すべき項目です。情報セキュリティ事故は、情報を取り扱う人や組織に起因して発生することが多いため、人的・組織的な対策はリスク管理として、非常に重要です。組織の中での運用ルールを定義し、従業員に周知・徹底することで、多くのセキュリティリスクを低減できます。

　仮に情報セキュリティ対策のルールを作れたとしても、浸透するには時間がかかるため、定期的に社内で研修や教育、勉強会などを実施して定着させていきましょう。

●【Step 1】診断項目をチェックする

　それでは、自社の対策状況を確認しながら、表7-1の診断項目をチェックしていきます。各診断項目は、次の4つに分類します。

- ・実施している　　　　　：4点
- ・一部実施している　　　：2点
- ・実施していない　　　　：0点
- ・わからない　　　　　　：ー1点

　管理者が状況を認識できていないことも問題になるので、わからない場合は「-1点」になります。「わからない」となった項目は、状況を把握している担当者や従業員にヒアリングして確認しておきましょう。

　すべての診断項目が確認できたら、全項目の合計点を確認します。組織全体のセキュリティ対策の実施状況と、回答が「わからない」になっている項目を把握しましょう。

　オフィスや事業所が複数拠点に分かれている場合や部署が多い場合は、それぞれの部門で一番把握していそうな人を探して、分担して実施しましょう。

●【Step 2】必要なアクションを検討する

　診断結果の「実施していない」（または不十分と考えられる）項目は、今後実施が必要なセキュリティ対策となります。具体的な対策の検討の際には、診断項目をそのまま活用しましょう。

　また、対策が必要な項目は、『新 5分でできる！ 情報セキュリティ自社診断』(PDF)の後半（P.4以降〜）に記載されている「解説編」(図7-2)を参照して、必要

な対策やアクションを検討しましょう。

図7-2 : 新 5分でできる! 情報セキュリティ自社診断ー解説編(一部)

診断編 NO.6 電子メールのルール	診断編 NO.7 電子メールのルール
身に覚えのない電子メールは疑ってみる	**宛先の送信ミスを防ぐ**
電子メールに添付されたファイルを開いたり、電子メール本文中に記載されたURLリンクをクリックしたりすることでウイルス感染する事故が続いています。身に覚えのない電子メールの添付ファイルやURLリンクへのアクセスに気をつけましょう。	電子メールやFAXの送り先を間違えて、他人に情報が漏えいしてしまう事故が続いています。電子メールやFAXは送り先を十分確認するようにしましょう。また、電子メールアドレスを誤って他人に伝えてしまうことも情報漏えいになります。複数の送り先に送信する際には、送り先の指定方法を十分に確認するようにしましょう。
対策例 不審な電子メールの添付ファイルを安易に開かない、URLリンクに安易にアクセスしない、不審な電子メールの情報を社内に共有するなど。	**対策例** 電子メールやFAXを送る前に送信先を再確認する、電子メールはTO・CC・BCCを使い分けて指定するなど。

診断編 NO.8 電子メールのルール	診断編 NO.9 無線LANのルール
重要情報を送信する時は保護する	**無線LANの盗聴や無断使用を防ぐ**
重要情報を電子メールで送る場合は、電子メールの本文に書き込まず、文書ファイルなどに記載してパスワードで保護した後、メールに添付します。パスワードはその電子メールには書き込まず、電子メール以外の手段で通知することが必要です。	適切なセキュリティ設定がされていない無線LANは、通信内容を読み取られたり、不正に接続されて犯罪行為に悪用されたりする被害を受ける可能性があります。無線LANの盗聴対策や無断使用を防止するようにセキュリティ設定をしましょう。
対策例 重要情報は文書ファイルに書いてパスワードで保護する、パスワードはあらかじめ決めておくか、携帯電話のショートメッセージサービス(SMS)などの別手段で知らせるなど。	**対策例** 強固な暗号化方式(WPA2-PSK)を選択する、パスフレーズ(暗号化キー)は長くて推測されにくいものを使用するなど。

出典 : 独立行政法人 情報処理推進機構(IPA)、**URL** https://www.ipa.go.jp/files/000055848.pdf

　『新 5分でできる! 情報セキュリティ自社診断』の解説編には、費用をあまりかけなくても効果が見込める対策例が記載されています。

●【Step 3】対策を推進する

　対策を推進する場合には、『情報セキュリティハンドブック(ひな形)』(図7-3)を活用します。従業員向けに必要な対策を解説するひな形になっています。自社に合った内容に書き換えて、組織の全従業員に配付し、社内研修や説明会を実施して、情報セキュリティ対策への理解を促進しましょう。

●【参考】オンライン版での診断

　「5分でできる! 情報セキュリティ自社診断」のオンライン版では、診断結果はすぐに表示されます(図7-4、図7-5)。診断サイトでアカウントを作成すれば、過去の実施結果や同業種平均、全企業平均と比較できます。

図7-3：情報セキュリティハンドブック（ひな形）

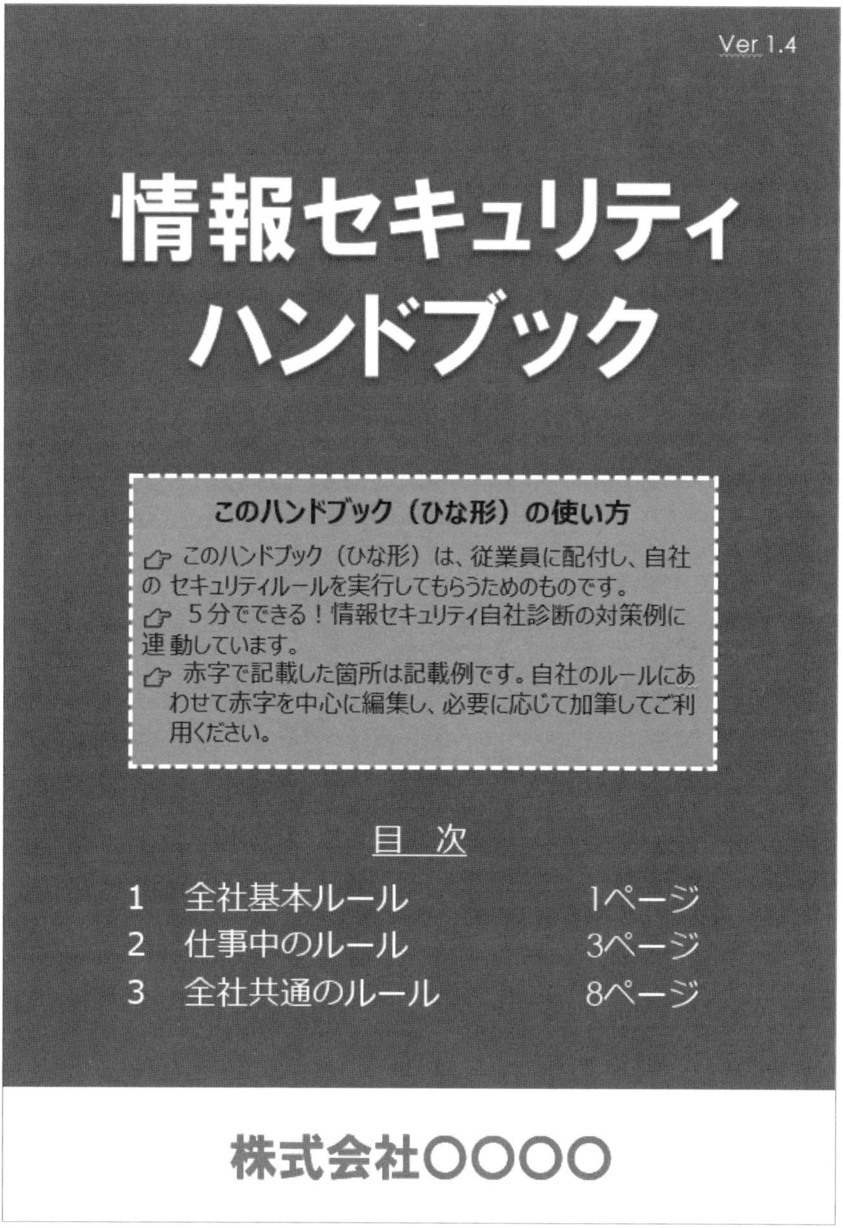

Ver 1.4

情報セキュリティ
ハンドブック

このハンドブック（ひな形）の使い方

☞ このハンドブック（ひな形）は、従業員に配付し、自社の セキュリティルールを実行してもらうためのものです。

☞ ５分でできる！情報セキュリティ自社診断の対策例に 連動しています。

☞ 赤字で記載した箇所は記載例です。自社のルールにあ わせて赤字を中心に編集し、必要に応じて加筆してご利 用ください。

目　次

1	全社基本ルール	1ページ
2	仕事中のルール	3ページ
3	全社共通のルール	8ページ

株式会社〇〇〇〇

出典：独立行政法人 情報処理推進機構（IPA）、**URL** https://www.ipa.go.jp/files/000055529.pptx

図7-4：「5分でできる! 情報セキュリティ自社診断」のオンライン版ー診断結果例①

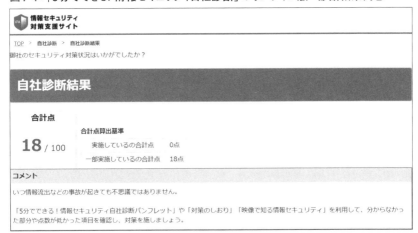

出典：独立行政法人 情報処理推進機構（IPA）、**URL** https://security-shien.ipa.go.jp/learning/

図7-5：「5分でできる! 情報セキュリティ自社診断」のオンライン版ー診断結果例②

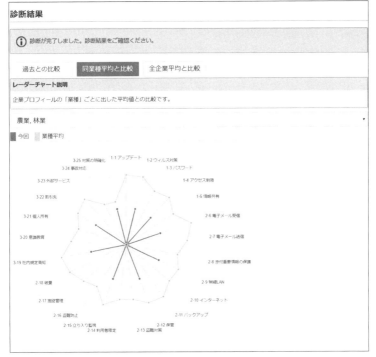

出典：独立行政法人 情報処理推進機構（IPA）、**URL** https://security-shien.ipa.go.jp/learning/

●【参考】5分でできる! ポイント学習

　診断項目の用語や内容が難しいと感じる人は、「5分でできる! 情報セキュリティ自社診断」のオンライン版からアクセスできる「5分でできる! ポイント学習」を参考にしてください。「自社診断シート25問に対応した学習コース」(図7-6)があります。

図7-6：「5分でできる! ポイント学習」の自社診断シート25問に対応した学習コース

出典：独立行政法人 情報処理推進機構(IPA)、**URL** https://security-shien.ipa.go.jp/learning/

　また、「5分でできる! ポイント学習」を従業員に実施してもらうことで、費用をかけずに情報セキュリティ教育も可能です。なお、PDF版は「ポイント学習へ」をクリックした先に表示されるコース名に記載された「PDF」からダウンロードできるので、インターネットを利用できない環境でも活用できます。

●【参考】そのほかのガイドライン

　ほかにもさまざまなガイドラインや診断項目が公開されています。

- 情報セキュリティ対策ベンチマーク（独立行政法人 情報処理推進機構（IPA））
  URL https://isec.ipa.go.jp/benchmark-main/
- 情報セキュリティ対策ベンチマーク活用集（独立行政法人 情報処理推進機構（IPA））
  URL https://www.ipa.go.jp/files/000011529.pdf
- 情報セキュリティ対策セルフチェック（日本ネットワークセキュリティ協会（JNSA））
  URL https://www.jnsa.org/ikusei/self_check/03_01.html
- 組織対応力ベンチマーク（一般社団法人オープンガバメント・コンソーシアム）
  URL https://ogc.or.jp/article/1525

　自社に合ったガイドラインを活用して基準（ベースライン）を設定すれば、すぐにリスクアセスメントの実施が可能です。

　なお、ベースラインアプローチにも注意点があります。部署や事業が多岐にわたる場合や、情報資産の種類が多く、情報システムが多様化している環境では、画一的なベースラインの適用が難しくなります。その場合は無理に評価を進めても、適切に状況を把握できず、潜在リスクを見落とす懸念がでてきます。
　ベースラインアプローチが適さない組織では次節（詳細リスク分析）を検討してください。

7-2：詳細リスク分析の進め方

　詳細リスク分析は、組織の情報資産に対するリスクを、情報資産の「価値」「脅威」「脆弱性」から評価する手法で、情報資産を管理する社内の各部門の協力が必要となります。
　ベースラインアプローチに比べると時間も労力もより多くかかり、少し大変な作業となりますが、組織として優先的・重点的に対策すべき情報資産を把握でき、具体的なリスク対応の計画が立てやすいメリットがあります。

実施手順

　詳細リスク分析の実施手順は、次のとおりです。実施の手順やアウトプットのひな形は、公開されている情報を活用できます。

①実施範囲（スコープ）の選定
　経営層やリスクアセスメント担当部門が担当します。
②実施のため準備
　リスクアセスメント担当部門が担当します。情報資産管理台帳（ひな形）や記入例を準備して、各部門に対して説明会を開催します。
③情報資産の洗い出し（特定）
　各部門で情報資産管理台帳に記入しながら進めてもらいます。
④情報資産の評価
　各部門で情報資産管理台帳に記入しながら進めてもらいます。
⑤情報資産に対するリスク評価
　各部門とリスクアセスメント担当部門で評価します。脅威の特定、脆弱性の評価、リスクの算出は、それぞれ「脅威の状況シート」「対策状況のチェックシート」「診断結果シート」を作成していきます。

　それでは、各実施手順を順に確認していきましょう。

①実施範囲（スコープ）の選定

【担当】経営層やリスクアセスメント担当部門
　組織内で、リスク分析の対象とする情報資産（を保有する部門や組織）を選定します。
　全社のリスクを明らかにするには、当然、全社を対象にリスクアセスメントを実施する必要があります。しかし、実際には組織の環境や状況にはさまざまな事情があり、かけられるリソースなどにも制約があるでしょう。いきなり組織の全部門を対象とすることが難しい場合は、会社の事業において重要な部門や重要情報を持っていそうな部門から実施しましょう。
　リスクアセスメントは、一度ですべての部門を実施しなければいけない決ま

りがあるわけではないので、自社の状況やリソースに合わせて実施する部門の優先順位を決め、やり切れる範囲で無理なく進めてください。

● **自社の事業における重要情報とは**

　優先順位が高くなるのは、売上に直結する業務や部門が保有している機密情報、顧客情報や取引先などに関連した情報などです。重要情報を持っていそうな部門の判断が難しいという場合は、セキュリティ侵害を受けた場合の事業に対する影響が大きくなりそうな業務を考えてください。

②実施のための準備

　【担当】リスクアセスメント担当部門、【関連資料】情報資産管理台帳（ひな形）

　続いて実施に向けた準備です。情報資産の確認を各部門でバラバラに実施してしまうと、情報資産の評価やリスク評価が一元的に管理できなくなるため、あらかじめ情報資産管理台帳を作成しておきます。インターネット上にも数多

図7-7：中小企業の情報セキュリティ対策ガイドライン－付録7：リスク分析シート

出典：独立行政法人 情報処理推進機構（IPA）、**URL** https://www.ipa.go.jp/files/000055518.xlsx

くのサンプルがありますので、効率的に活用してください。

● 情報資産管理台帳(ひな形)の準備

　ここでは、独立行政法人 情報処理推進機構(IPA)が提供している「中小企業の情報セキュリティ対策ガイドライン」の「付録7：リスク分析シート」(図7-7)を活用します。

　本書のP.122に情報資産基本台帳のサンプルを記載しているので、その内容を確認しながら、読み進めてください。

● リスク分析シートの構成

　「リスク分析シート」(図7-7)は7つのシート(表7-2)で構成されています。情報セキュリティのリスクを判断する際に必要な「情報資産」「脅威」「脆弱性」の3つの情報に対して、「情報資産管理台帳」「脅威の状況」「対策の状況」の3つのシートがあります。

表7-2：リスク分析シート

シート名	記入するシート	説明
利用方法		シートの構成と利用方法がまとめられている
台帳記入例		「情報資産管理台帳」シートの記入例
重要度定義		情報資産の重要度を判断するための基準が定義されている。「情報資産管理台帳」に情報資産ごとの「機密性・完全性・可用性」の評価値を記入する際に参照する。各項目の評価値は3段階で定義されている。定義を細かくしすぎると分析や評価が難しくなる場合もあるため、最初は3段階のシンプルな基準から実施することを推奨
情報資産管理台帳	○	組織の中で洗い出した情報資産ごとに記入する。利用される業務や管理方法などが同類として分類できる情報資産は、なるべくまとめて記入する。情報資産の評価(機密性、完全性、可用性)を入力することで、「情報資産の重要度」が自動で計算される。「現状から想定されるリスク」は別シートの「脅威の状況」と「対策状況チェック」を入力すると自動で表示される
脅威の状況	○	組織内で発生が想定される典型的な脅威の発生頻度を記入する。自社の環境での脅威の起こりやすさを「対策を講じない場合の脅威の発生頻度」のドロップダウンリストから選択する
対策状況チェック	○	情報セキュリティ対策の実施状況をドロップダウンリストから選択する
診断結果		記入した3つのシートの内容からリスク分析の診断結果が表示される。この内容を踏まえて、必要なセキュリティ対策の検討を行う

● 情報資産管理台帳の改良点

　先ほどの「リスク分析シート」の「情報資産管理台帳」は図7-8のように構成されています。

図7-8：情報資産管理台帳（例）

情報資産管理台帳						個人情報の種類			評価値					
業務分類	情報資産名称	備考	利用者範囲	管理部署	媒体・保存先	個人情報	要配慮個人情報	特定個人情報	機密性	完全性	可用性	重要度	保存期限	登録日

出典：独立行政法人 情報処理推進機構（IPA）、**URL** https://www.ipa.go.jp/files/000055518.xlsx

　項目が自社に合わなかったり足りなかったりする場合は、修正して活用してください（図7-9）。ここではお勧めの使い方を紹介します。

・「管理部署」列を一番左に移動する

　情報資産の洗い出しは、通常は部門ごとに実施していくので、「管理部署」を先頭列に移動して、各部門の情報をまとめやすくします。さらに、「業務」「情報資産」という並びにすると、各部門ごとの情報資産を確認しやすくなります。

・「件数」を追加する

　情報資産のボリューム（管理している情報資産のデータ件数など）は、情報侵害が発生した際の影響範囲やインパクトが変わってくるため、情報を把握しておくことは重要になります。

・「保管場所」を追加する

　あらかじめ「媒体・保存先」のプルダウンリストには「書類」「可搬電子媒体」「事

図7-9：情報資産管理台帳（修正例）

| 管理担当者 | 宮澤花子 | 記入日/更新日 | 2020/1/20 |
| 管理責任者 | 大島部長 | 確認日/承認日 | |

管理部署	業務分類	情報資産名称	媒体	保存先	件数	個人情報の有無	保存期限	利用範囲	備考
人事部	採用活動	応募書類（履歴書、職務経歴書）	電子データ	ファイルサーバの人事部フォルダ	約40件	有	応募から結果通知後3ヵ月	人事部、面談者	
	採用活動	応募書類（履歴書、職務経歴書）	紙媒体／書類	人事部のキャビネット（施錠付き）	約30件	有	応募から結果通知後3ヵ月	人事部、面談者	
	入社手続き／退職手続き	写真名簿（社員情報）	電子データ	ファイルサーバの人事部フォルダ	約600件	有	永久（退職者データは1年間）	人事部、部門責任者	退職者の情報を含む
	人事管理								
	勤怠管理								
	給与管理								
	:								
	:								

出典：独立行政法人 情報処理推進機構（IPA）、**URL** https://www.ipa.go.jp/files/000055518.xlsx

務所PC」「モバイル機器」「社内サーバ」「社外サーバ」の6つの定義されています
が、具体的な保管場所（○○サーバの△△フォルダ、または××クラウドサービ
スなど）を記載する場所がありません。具体的な情報資産の保管場所は、情報資
産の洗い出しをする機会に確認し、保管場所として記入することを推奨します。

　このほかに自社の状況や環境に合わせて改良してみてください。また、実施
回数を重ねながら、必要に応じて改善をしていくとよいでしょう。

● **実施のための説明会**
　作成した管理台帳を「必要事項を記入してください」と添えて配布しただけで
は、通常の業務を抱えている各部門では対応が難しいでしょう。逆に反発され
るかもしれません。良好な関係を構築し、情報資産の洗い出しやリスク評価を
円滑に進めるためには、実施の目的／背景／必要性をていねいに説明し、理解
を得ることが重要です。
　そのために、関係者向けに「実施説明会」を開催します。経営層にも参加して
もらい、目的や背景などは経営層から伝えてもらうのがよいでしょう。

・**実施の目的／背景**
・**実施の手順**
・**資産管理台帳の説明（台帳の見方、項目など）**
・**管理台帳の記入方法（記入例とともに）**

・提出期日

・問い合わせ先

　また、実施の手順や管理台帳の記入方法は、**図7-7**の「台帳記入例」を参考に示すことができれば十分です。こと細かな手順書は必要ありません。まずは、良い協力関係を構築できるよう、ていねいな説明とフォローを心がけてください。

③情報資産の洗い出し

【担当】各部門、【関連資料】情報資産管理台帳

　各部門で洗い出した情報資産を「情報資産管理台帳」に記載してもらいます。具体的には次章（P.121）で人事部の情報を例に説明します。

④情報資産の評価

【担当】各部門、【関連資料】情報資産管理台帳

　各部門で資産管理台帳の情報資産の洗い出しができたら、次は情報資産を評価します。情報資産の評価は、情報セキュリティの「機密性」「完全性」「可用性」の3つの観点から重要度を算出します。

　評価基準は、情報資産が侵害を受けた場合に事業へ与える影響の大きさです。基準の考え方は、被害額などの想定損害コストを基準として考える「定量分析」と、事業や顧客への影響範囲や侵害状況の特性から考える「定性分析」があります。定量分析は、情報資産の価値を費用に換算したり、被害が発生した際の直接被害や間接被害などを含めた想定損害額の算出が容易ではないため、定性分析が利用されることが一般的です。

●評価基準例

　図7-10は「中小企業の情報セキュリティ対策ガイドライン」の評価基準の例です。

　情報資産に対する「重要度の判断」は、担当者の立場や業務経験などで異なる場合があるため、対象となる情報資産の管理責任者（または、業務に精通している立場の方）が判断するようにしましょう。また、最終的な確認は、必ず情報資産の管理部門の責任者に確認し、組織としての判断事項としておきましょう。

図7-10：「中小企業の情報セキュリティ対策ガイドライン」の評価基準（例）

● **機密性**（アクセスを許可された者だけが情報にアクセスできる）
　2：法律で安全管理（漏えい、滅失、またはき損防止）が義務付けられている
　　　守秘義務の対象や限定提供データとして指定されている
　　　漏えいすると取引先や顧客に大きな影響がある
　　　漏えいすると自社に深刻な影響がある（営業秘密の漏えいなど）
　1：漏えいすると業務に大きな影響がある
　0：漏えいしても業務にほとんど影響はない

● **完全性**（情報や情報の処理方法が正確で完全である、間違いがない）
　2：法律で安全管理（漏えい、滅失、またはき損防止）が義務付けられている
　　　改ざんされると自社に深刻な影響または取引先や顧客に大きな影響がある
　1：改ざんされると業務に大きな影響がある
　0：改ざんされても事業にほとんど影響はない

● **可用性**（許可された者が必要なときにいつでも情報資産にアクセスできる）
　2：利用できなくなると事業に深刻な影響がある
　　　自社への影響だけではく、取引先や顧客に大きな影響がある
　1：利用できなくなると事業に大きな影響がある
　0：利用できなくなっても事業にほとんど影響はない

出典：独立行政法人 情報処理推進機構（IPA）、**URL** https://www.ipa.go.jp/files/000055518.xlsx

ここでは、具体的な重要度の判断の例を2つ挙げておきます。

● 例1：自社技術に基づいた設計書（紙媒体）の場合
・**機密性**（評価：2）
　自社主力製品の設計書のため、漏えいすると他社との差別化に深刻な影響（売上減少、競争力低下など）がでる
・**完全性**（評価：1）
　設計書の改ざんや意図しない変更が発生すると、製品製造に支障がでる
・**可用性**（評価：0）
　設計書の原本データは社内ファイルサーバに保存してあり、必要なときに閲覧や印刷は可能なため、利用できなくなっても業務への影響はない

● 例2：自社ホームページ（Webシステム）の場合

・機密性（評価：0）

ホームページは公開情報のみであり、個人情報や営業機密など機密情報の保有していない

・完全性（評価：2）

ホームページの掲載情報がマルウェアや不正アクセス等で改ざんされると、誤った情報が伝達され、顧客からの信用を失う

・可用性（評価：1）

サーバ障害などでホームページへアクセスできなくなると、自社サービスや販売商品の宣伝、マーケティング活動ができなくなり売上への影響がでる

● 重要度の算定

各要素の評価値から情報資産の重要度を算定します（ダウンロードした「情報資産管理台帳」の重要度の欄は自動計算されるので記入は不要です）。

この重要度の算定は、「機密性」「完全性」「可用性」の評価値をもとに、いずれかの要素の最大値で判断されます。

また、個人情報を含む場合（個人情報を「有」とした場合）は、各要素の評価値に関わらず、重要度は「2」となります。これは、個人情報に対するセキュリティ侵害や事故は、取引先や顧客、個人情報の該当者本人に対して大きな影響があったり、企業の社会的責任・法的責任を問われるなど、企業の事業継続へ深刻な影響を及ぼす懸念があるためです。個人情報の適切な管理は、企業存続に関わる最重要な情報資産の一つと言えます。

⑤情報資産に対するリスク評価

【担当】各部門／リスクアセスメント担当部門、【関連資料】リスク分析シートの「脅威の状況」「対策の状況チェック」

情報資産の洗い出しと重要度の評価が完了したら、情報資産ごとのリスク評価を実施します。リスク評価は、「情報資産（の重要度）」に対する「脅威の特定」と「対策状況（脆弱性の有無）」で算出できます。手順と関連するシートは次のとおりです。

・脅威の特定　　　　　　　：脅威の状況シート
・対策状況（脆弱性）の確認　：対策の状況チェックシート
・リスク評価　　　　　　　：診断結果シート
・結果レビュー　　　　　　：診断結果シート

　それでは、リスク評価の手順を順に見ていきましょう。

● **脅威の特定**

【関連シート】脅威の状況

　脅威の特定は、対象の情報資産に対して、情報セキュリティを侵害する（情報資産の機密性、完全性、可用性に危害を与える）可能性がある想定脅威と発生頻度を確認します。

　「中小企業の情報セキュリティ対策ガイドライン」のリスク分析シートの「脅威の状況シート」では、情報資産の「媒体・保存先」の6分野ごとに典型的な脅威が列挙されています（図7-11）。

　図7-11の項目について、検討した発生頻度に一番近いものを次の3段階から「脅威の発生頻度」を選択します。

・**1：通常では発生しない（数年に1回未満）**

　通常の業務を行っている範囲内では、発生する可能性は極めて低いと考えられるもの。自社においてはUSBメモリのような外部メディアの利用を技術的に適切に禁止しているため、可搬電子媒体に対する脅威は発生しない、といったものも含みます。

・**2：特定の状況で発生する（年に数回程度）**

　ある程度の可能性（1年に数回）で発生する懸念があるもの。過去に発生していない事故であっても、頻繁ではないにしろ、可能性としては発生してもおかしくないもの。または、1と3に該当しないものは2を選択します。

・**3：通常の状態で発生する（いつ発生してもおかしくない）**

　自社でこれまでに何度か発生したことがあり、今後も発生することが懸念されるものです。

図7-11：媒体・保存先に関連する典型的な脅威

● **書類**
　秘密書類の事務所からの盗難
　秘密書類の外出先での紛失・盗難
　情報搾取目的の内部不正による書類の不正持ち出し
　業務遂行に必要な情報が記載された書類の紛失

● **可搬電子媒体**
　秘密情報が格納された電子媒体の事務所からの盗難
　秘密情報が格納された電子媒体の外出先での紛失・盗難
　情報搾取目的の内部不正による電子媒体の不正持ち出し
　業務遂行に必要な情報が記載された電子媒体の紛失

● **事務所PC**
　情報搾取目的の事務所PCへのサイバー攻撃
　情報搾取目的の事務所PCでの内部不正
　事務所PCの故障による業務に必要な情報の喪失
　事務所PC内データがランサムウェアに感染して閲覧不可
　不正送金を狙った事務所PCへのサイバー攻撃

● **モバイル機器**
　情報搾取目的でのモバイル機器へのサイバー攻撃
　情報搾取目的の不正アプリをモバイル機器にインストール
　秘密情報が格納されたモバイル機器の紛失・盗難

● **社内サーバ**
　情報搾取目的の社内サーバへのサイバー攻撃
　情報搾取目的の社内サーバでの内部不正
　社内サーバの故障による業務に必要な情報の喪失

● **社外サーバ**
　安易なパスワードの悪用によるアカウントの乗っ取り
　バックアップを怠ることによる業務に必要な情報の喪失

出典：独立行政法人 情報処理推進機構（IPA）、**URL** https://www.ipa.go.jp/files/000055518.xlsx

● 対策状況（脆弱性）の確認

【関連シート】対策の状況

「対策状況チェック」シートに記載されている「情報セキュリティ診断項目」（11種類55項目）を順に、自社における対策の実施状況を、次の1〜4に当てはめます（「4」は"該当なし"のため、対策状況の基準は3段階で定義されています）。

・1：実施している

　診断項目の記載された対策をすでに実施している、またはそれ以上の対策を実施している

・2：一部実施している

　診断項目の記載された対策を一部実施している、または対策が不十分と考えられるもの

・3：実施していない／わからない

　診断項目の記載された対策をまったく実施していない、または対策の実施状況がわからない

・4：自社に該当しない

　診断項目に記載された対策が自社には該当しない（サーバの運用管理を外部へ委託している場合など）

　ここでは、対策の実施有無の状況から脆弱性の有無を確認しています。対策を実施している（＝脆弱性がない）ことで、脅威があっても侵害の可能性を小さくすることができますし、逆に、対策を実施していない（＝脆弱性ある残存している状態）であれば、直面する脅威によって被害の発生可能性が大きくなります。

　対策状況の確認（脆弱性の有無）は、被害の大小を決める重要な要素となります。

● リスク評価

【関連シート】診断結果シート

　ここまでの確認事項をすべて完了すると、リスク値を算出するために必要な3つの要素（「情報資産」「脅威」「脆弱性」）が確認できたことになります。「情報資産管理台帳」シートの右端の「リスク値」列に、自動的に「被害発生可能性」と「リスク値」の評価結果が表示されています。

　「被害発生可能性」は、「脅威の発生頻度（起こりやすさ）」と「脆弱性（対策状況からわかる対策のもろさ）」の2つの数値から算出されている値で、「脅威」が「脆弱性」を悪用した場合の、被害の発生可能性の大きさを示しています。

- ・3：通常の状況で被害が発生する（いつ事故が発生してもおかしくない）
- ・2：特定の状況で被害が発生する（年に数回程度事故が発生する）
- ・1：通常の状況で被害が発生することはない

　「リスク値」の算定方法は、さまざまな方法がありますが、「中小企業の情報セキュリティ対策ガイドライン」では「情報資産の重要度」と「被害発生可能性」の2つの数値をかけ合わせた結果で算定しています。

- ・4～6（大）　：深刻な事故が起きる可能性大
  - → 優先的・重点的に対策の実施が必要
- ・1～3（中）　：重大な事故が起きる可能性有
  - → 計画的な対策を実施
- ・0（小）　　：事故の発生可能性は極めて小（起きても被害は許容範囲）
  - → 現状維持

　リスク値を算出することで、組織における情報資産の中から、優先的・重点的に対策が必要なもの把握できます。
　診断結果として表示されたリスク値が高くなっているものは、「診断結果シート」の「対策状況チェックの診断結果」で示されている「対策の実施率」が低いために、リスク値が大きくなっている可能性があります。対策の実施率が低いということは、対策が実施されていなかったり、対策が不十分（一部実施など）なために、対象の情報資産が脆弱な状態であることを示しています。

●結果レビュー

　各部門における「脅威の特定」と「対策状況（脆弱性）の確認」が実施できた後は、関係者で実施結果の内容に対して、レビューする機会を設けましょう。各部門との打ち合わせでは、脅威と対策状況（脆弱性）の確認事項に対して、選択した項目の判断理由や妥当性を順に次の観点でヒアリングしながら、認識をすり合わせていきます。

●脅威の状況

・重要度の高い情報資産は何か

・重要度の低い情報資産は、本当に重要でないものか

・重要度の高い情報資産の取り扱いについて

　　→いつ、誰が、どのように管理・利用しているか

　　→保管場所、保管方法、保存期間

・個人情報の有無（有の場合、その利用目的など）

・個人情報の取り扱いについて

　　→いつ、誰が、どのように管理・利用しているか

　　→保管場所、保管方法、保存期間

●対策状況

・「実施している」を選択した項目

　　→具体的な対策状況をヒアリング、妥当性を確認

・「一部実施している」を選択した項目

　　→できていること、できていないことを確認

・「実施していない／わからない」を選択した項目

　　→実施していない理由、対策できない理由、課題などを確認

　　→わからないの理由（担当が異なる、部署が違う、情報共有の問題など）

・「自社に該当しない」

　　→該当しない状況や理由を確認、該当しない妥当性を確認

●結果レビューの重要性

　リスクアセスメントの実施後に、各部門と認識合わせをすることは、非常に重要です。診断項目の解釈は担当者によってさまざまだったりします。診断項目の内容を理解せず適当に回答してしまう担当者や、都合の良い自己解釈で回答することも多々あります。

　筆者の経験上、実際にリスクアセスメントを各部門に任せて実施すると、都合の悪い確認項目を「該当しない」など対象外として返答してくる部門はよくあります。とりあえず、すべて問題ないといった回答をして返答してくる部門などもあります。そのため、選択した意図や判断ポイントを、対面で確認する機

会を設けることを大切です。

　また、大きな組織では、対象部門すべての実施内容をレビューすることは困難になるので、その際はいくつかの部門をサンプリング的に選定して、レビューするだけでも効果はあります。各部門に対しては、実施前に「リスクアセスメントの結果提出後に、数部門を指名して、実施内容のレビュー（対面によるヒアリング）を実施します」と伝えておきましょう。緊張感をもって、真摯に（正直に）取り組んでもらえるよう、工夫してください。

自前でできる詳細リスク分析

　詳細リスク分析は、実施の手順が多く、情報資産の洗い出し（特定）を各部門に実施してもらう必要があるため、躊躇する組織もあるかもしれません。

　ここまでに見てきたように、リストのひな形や利用方法を理解さえすれば、外部の専門家に高額なコンサル費用を支払わなくても、自社の担当者だけでも実施できます。また、大事な情報資産だからこそ、自ら重要度やリスクを評価することで、より具体的で現実的なセキュリティ対策の推進に繋がります。

　セキュリティ対策を、どこから手を付けたらよいかわからず途方に暮れている方、リスクを認識せずに対策製品の導入ばかりを推し進めてきた組織においては、ぜひ一度、リスクアセスメントを実施し、リスクを可視化したうえで、適切なセキュリティ対策を検討してみてください。

7-3：対応計画を作成しよう

　リスクアセスメントの結果から、自社における現在のリスクが把握できました。リスクアセスメントの実施結果を踏まえて、対応計画を作成しましょう。

　対応計画の作成は、次の順で進めていきます。

① リスクに対する実施事項の検討
② リスク対応計画書の作成
③ 承認および周知
④ 進捗管理および見直し
⑤ 実施事項の有効性評価

① リスクに対する実施事項の検討

リスクに対する実施事項を検討する際に、具体的な対策事項を一から考えると大変ですが、ここでも公開されている情報やガイドラインを活用します。

リスクアセスメントのベースラインアプローチで活用した確認項目は、実はセキュリティ対策として実施すべき事項として扱えます。また、各種ガイドラインに記載されている対策事項も参考にできます（図7-12）。

対策事項で、すぐにやるべきことが思いつくものは、具体的な実施方法を検討して計画すればよいですが、実施すべき内容がわからない場合は、各種ガイ

図7-12：対策事項の項目例

情報セキュリティ対策の種類	情報セキュリティ診断項目
1 組織的対策	経営者の主導で情報セキュリティの方針を示していますか？
	情報セキュリティの方針に基づき、具体的な対策の内容を明確にしていますか？
	情報セキュリティ対策を実施するための体制を整備していますか？
	情報セキュリティ対策のためのリソース（人材、費用）の割当を行っていますか？
2 人的対策	秘密情報を扱う全ての者（パートタイマー、アルバイト、派遣社員、顧問、社内に常駐する委託先要員などを含む）に対して、就業規則や契約などを通じて秘密保持義務を課していますか？
	従業員の退職に際しては、退職後の秘密保持義務への合意を求めていますか？
	会社の秘密情報や個人情報を扱うときの規則や、関連法令による罰則に関して全従業員に説明していますか？
3 情報資産管理	管理すべき情報資産は、情報資産管理台帳を作成するなど何処にどのようなものがあるか明確にしていますか？
	秘密情報は業務上必要な範囲でのみ利用を認めていますか？
	秘密情報の書類に㊙マークを付けたり、データの保存先フォルダを指定するなど識別が可能な状態で扱っていますか？
	秘密情報を社外へ持ち出す時はデータを暗号化したり、パスワード保護をかけたりするなどの盗難・紛失対策を定めていますか？
	秘密情報は施錠保管やアクセス制限をして、持ち出しの記録やアクセスログをとるなど取り扱いに関する手順を定めていますか？
	重要なデータのバックアップに関する手順を定め、手順が順守されていることを確認していますか？
	秘密情報の入ったパソコンや紙を含む記録媒体を処分する場合、ゴミとして処分する前に、データの完全消去用のツールを用いたり、物理的に破壊したりすることで、データを復元できないようにすることを定めていますか？
4 アクセス制御及び認証	業務で利用するすべてのサーバーに対して、アクセス制御の方針を定めていますか？
	従業員の退職や異動に応じてサーバーのアクセス権限を随時更新し、定期的なレビューを通じてその適切性を検証していますか？
	情報を社外のサーバーなどに保存したり、グループウェアやファイル受渡サービスなどを用いたりする場合は、アクセスを許可された人以外が閲覧できないように、適切なアクセス制御を行うことを定めていますか？
	パスワードの文字数や複雑さなどを設定するOSの機能などを有効にし、ユーザーが強固なパスワードを使用するようにしていますか？
	業務で利用する暗号化機能及び暗号化に関するアプリケーションについて、その運用方針を明確に定めていますか？

（つづく）

（つづき）

5 物理的対策	業務を行う場所に、第三者が許可無く立ち入りできないようにするための対策（物理的に区切る、見知らぬ人には声をかける、など）を講じていますか？
	最終退出者は事務所を施錠し退出の記録（日時、退出者）を残すなどのように、事務所の施錠を管理していますか？
	重要な情報やIT機器のあるオフィス、部屋及び施設には、許可された者以外は立ち入りできないように管理していますか？
	秘密情報を保管および扱う場所への個人所有のパソコン・記録媒体などの持込み・利用を禁止していますか？
6 IT機器利用	セキュリティ更新を自動的に行うなどにより、常にソフトウェアを安全な状態にすることを定めていますか？
	ウイルス対策ソフトウェアが提供されている製品については、用途に応じて導入し、定義ファイルを常に最新の状態にすることを定めていますか？
	業務で利用するIT機器に設定するパスワードに関するルール（他人に推測されにくいものを選ぶ、機器やサービスごとに使い分ける、他人にわからないように管理する、など）を定めていますか？
	業務で利用する機器や書類が誰かに勝手に見たり使ったりされないようにルール（離席時にパスワード付きのスクリーンセーバーが動作する、施錠できる場所に保管する、など）を定めていますか？
	業務で利用するIT機器の設定について、不要な機能は無効にする、セキュリティを高める機能を有効にするなどの見直しを行うことを定めていますか？
	社外でIT機器を使って業務を行う場合のルールを定めていますか？
	個人で所有する機器の業務利用について、禁止するか、利用上のルールを定めていますか？
	受信した電子メールが不審かどうかを確認することを求めていますか？
	電子メールアドレスの漏えい防止のためのBCC利用ルールを定めていますか？
	インターネットバンキングやオンラインショップなどを利用する場合に偽サイトにアクセスしないための対策を定めていますか？
	IT機器の棚卸（実機確認）を行うなど、社内に許可なく設置された無線LANなどの機器がないことを確認していますか？
	サーバーには十分なディスク容量や処理能力の確保、停電・落雷などからの保護、ハードディスクの冗長化などの障害対策を行っていますか？
	業務で利用するすべてのサーバーに対して、脆弱性及びマルウェアからの保護のための対策を講じていますか？
	記憶媒体を内蔵したサーバーなどの機器を処分または再利用する前に、秘密情報やライセンス供与されたソフトウェアを完全消去用のツールを用いたり、物理的に破壊したりすることで、復元できないようにすることを定めていますか？

（つづく）

ドラインに記載されている対策項目を眺めてみることで、ヒントが落ちているかもしれません。公開されている情報をぜひ有効活用しましょう。本書のAppendix 4（P.180）でも、対策の検討に有用となる各種ガイドラインを紹介しています。

② リスク対応計画書の作成

情報セキュリティの推進担当者は、リスクアセスメントの結果に基づいてリスク対応計画を検討し、「リスク対応計画書」を作成します（図7-13）。

リスク対応として設定する実施事項は、次の点を考慮して作成しましょう。

・情報セキュリティ基本方針と整合性がとれていること
・リスクアセスメントの結果を踏まえた対応事項であること

（つづき）

7 IT基盤運用管理	業務で利用するすべてのサーバーやネットワーク機器に対して、必要に応じてイベントログや通信ログの取得及び保存の手順を定めた上で、ログを定期的にレビューしていますか？
	重要なITシステムに脆弱性がないか、専用ツールを使った技術的な診断を行うことがありますか？
	ファイアウォールなど、外部ネットワークからの影響を防ぐための対策を導入していますか？
	業務で利用しているネットワーク機器のパスワードを初期設定のまま使わず、推測できないパスワードに変更して運用していますか？
	クラウドサービスなどの社外サーバーを利用する場合は、費用だけでなく、情報セキュリティや信頼性に関する仕様を考慮して選定していますか？
	最新の脅威や攻撃についての情報収集を行い、必要に応じて社内で共有していますか？
8 システム開発及び保守	情報システムの開発を行う場合、開発環境と運用環境とを分離していますか？
	セキュリティ上の問題がない情報システムを開発するための手続きを定めていますか？
	情報システムの保守を行う場合、既知の脆弱性が存在する状態で情報システムを運用しないようにするための対策を講じていますか？
9 委託管理	契約書に秘密保持（守秘義務）、漏洩した場合の賠償責任、再委託の制限についての項目を盛り込むなどのように、委託先が順守すべき事項について具体的に規定していますか？
	委託先との秘密情報の受渡手順を定めていますか？
	委託先に提供した秘密情報の廃棄または消去の手順を定めていますか？
10 情報セキュリティインシデント対応ならびに事業継続管理	秘密情報の漏えいや紛失、盗難があった場合の対応手順書を作成するなどのように、事故の発生に備えた準備をしていますか？
	インシデントの発生に備えた証拠情報の収集手順を定め、運用していますか？
	インシデントの発生で事業が中断してしまったときに再開するための計画を定めていますか？
11 個人番号及び特定個人情報の取り扱い	個人番号及び特定個人情報の取り扱いルール（管理担当者の割当て、収集・利用・保管・廃棄の方法）を定めていますか？
	個人番号や特定個人情報に関する漏えいなどの事故に備えた体制を整備していますか？
	個人番号や特定個人情報の安全管理についてルールや手段を定めていますか？

出典：中小企業の情報セキュリティ対策ガイドライン（IPA）の「付録7：リスク分析シート－対策状況のチェックシート」

図7-13：リスク対応計画書の作成（流れ）

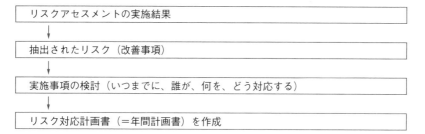

・実施事項が、到達可能な目標になっていること
・いつまでに、誰が、なにを、どうやって対応するのか
・実施事項の達成が、判定可能（判断可能）であること

　また、リスクの対応計画は、年度スケジュールとして計画することで、年間

の対応計画書としても活用できます。リスク対応計画書が作成できたら、そのまま「情報セキュリティの年度計画書」として利用しましょう（図7-14）。

③ 承認および周知

「リスク対応計画書」は、情報セキュリティ委員会を通じて、経営層など対策推進の責任者からの承認を必ず得る必要があります。

対策推進には、対策製品の導入や研修実施のために社員に時間を確保してもらうなど、さまざまな場面でリソース（経営資源）が必要になってくるので、ここでも経営層を必ず巻き込むことが重要になります。

● 経営層を納得させる強い味方とは

すでに対策推進の経験がある人であれば、上司や経営層の承認を取ることや稟議を通すことの大変さ（面倒さ？）を痛感しているかもしれませんが、怖れることはありません。なぜなら、稟議を通すための重要な情報、上司や経営層を

図7-14：リスク対応計画書（イメージ）

リスク対応計画書（情報セキュリティの年間計画書）

年度		計画者		承認
現状の問題点（リスク）	（1）組織におけるシステム利用に関する手順書が未整備			改善策と期待効果
	（2）ファイルサーバのデータバックアップ			
	（3）社員の情報セキュリティに対する意識が低い懸念			
	（3）社員の情報セキュリティに対する意識が低い懸念			

項番	実施項目	担当者	4月	5月	6月	7月
1	システムの運用手順書の整備	本田				
2	ファイルサーバのデータバックアップ	清水				
3	社員向けの情報セキュリティ研修	渡辺		○		

納得させる強い味方があります。それは、前項までに実施してきました「リスクアセスメントの実施結果」です。

リスクアセスメントで自社のリスクが可視化されているため、これから実施すべきことが根拠ない不安や感覚的なリスクではないことを裏付けてくれます。根拠をもった必要対策であれば、経営層も検討せざるを得ません。

経営層の判断によって、検討した施策が承認されなかったときは、声を大にして「経営層の責任として、リスクを認知したうえで受容するという理解でよいですか」と確認しておきましょう。

もちろん、企業では、かけられるリソースには限りがあるため、実施事項の優先順位は明確に示して、経営層が判断できる情報はしっかりと提示しましょう(リスクアセスメントの結果から、リスクの大小も把握できたため、有効な対策の優先順位を示すことも可能ですね)。

情報セキュリティの対策推進における最終的な責任者は、経営層になります

（1）操作ミスによる情報漏洩やシステム障害の軽減	有効性評価			
（2）サーバ障害時のデータ喪失回避				
（3）社員の情報セキュリティに対する意識向上				

8月	9月	10月	11月	12月	1月	2月	3月	実施結果 / 備考など
	○							
				○				
								3回に分けて実施。9割参加。不参加者は、別途、フォローアップ

ので、しっかりとお墨付き（理解と協力）をもらったうえで、力強く、堂々と対策の推進をしていきましょう。経営層から承認をもらった後は、社員に対してリスク対応計画書で計画した実施事項を周知します。

④ 進捗管理および見直し

情報セキュリティの対策推進者は、計画した実施事項に基づき、定期的に対応状況を確認します。また、定期的に実施事項の進捗を情報セキュリティ委員会で報告をします。

進捗状況や環境要因などにより、計画の見直しが必要になる場合は、実施事項の変更を計画し、経営層へ再度承認を得ます。変更後の実施事項についても、改めて社員や関係者に周知しておきましょう。

⑤ 実施事項の有効性評価

「情報セキュリティの年間計画」で計画した実施事項が完了した際には、実施事項による効果や有効性を評価しましょう。

社員に対する情報セキュリティ研修を実施した場合には、実施後に確認テストやアンケートを実施して理解度を確認することで、社員の情報セキュリティに対する理解度や意識の向上を測ることができます。

また、有効性評価が、1回の実施で評価が難しい場合は、複数回の実施による比較評価をするとよいでしょう。たとえば、標的型メールに対するマルウェア感染のリスク対応として、「標的型メール攻撃訓練[注1]」を実施する場合は、複数回の実施により、1回目と2回目の開封率を比較することで、意識の向上や対処ポイントの理解促進などを測ってみましょう。前回より開封率の低減が見られた場合は、社員の理解や意識向上が測られていると言えます。

計画した実施事項の有効性評価は、今後の計画作成においても有用な情報となるため、施策実施後は、必ず有効性の評価を実施するようにしましょう。

注1) サイバー攻撃で悪用される不正メールを疑似的に模した訓練メールを、社内の従業員へ予告なく送信して、標的型メールへの対応力を評価する訓練。不正メールに対する社員の理解を高め、マルウェア感染や不正侵入のリスク低減を図る啓発的な対策の1つ。

第 8 章
情報資産を特定しよう
（人事部の場合）

　本章では、詳細リスク分析を活用したリスクアセスメントの1つである「情報資産の洗い出し（特定）」について、人事部の業務を例に説明します。

8-1：人事部の資産管理台帳（例）

　最初に本章で説明する資産管理台帳のイメージを**表8-1**に掲載します。記入にあたって、各項目について説明していきます。

8-2：各項目を記入する際の注意点

❶管理部署、担当者名

　管理部署は「人事部」としますが、部門内で記入を取りまとめる担当者や記入日／更新日などは明確にしておくのがよいでしょう。

　情報の管理責任者は、管理部門の責任者である人事部長です。管理台帳が完成したら、管理担当者から管理責任者に確認事項を報告し、責任者の確認と承認をもらいます。部門で取り扱う情報資産の最終的な管理責任は部門長にあることを、明示的に意識してもらうためにも必ず報告と承認を行ってください。

❷業務分類

　部門における主な業務を書き出すことで、業務で取り扱う情報資産を確認できるようになります。人事部の業務は、一般的に次のような内容が挙げられます。

・採用活動

表8-1：人事部の資産管理台帳（例）

❶	❷	❸	❹	❺	
管理部署	業務分類	情報資産名称	媒体	保存先	
人事部	採用活動	応募書類（履歴書、職務経歴書）	電子データ	ファイルサーバの人事部フォルダ	
	採用活動	応募書類（履歴書、職務経歴書）	紙媒体／書類	人事部のキャビネット（施錠付き）	
	入社手続き／退職手続き	社員名簿（社員情報）	電子データ	ファイルサーバの人事部フォルダ	
	人事管理				
	勤怠管理				
	給与管理				
	：				
	：				

・入社手続き／退職手続き

・人事管理

・勤怠管理／給与計算

・社員情報の管理

・社員教育

・人事制度管理・環境整備

・対外対応（電話・メール応対）

・その他

　業務分類は、部門責任者や業務経験の長い方を中心に確認してもよいですが、業務規程や業務手順書などから客観的に確認していくことも有効です。業務が多岐に渡る場合や担当者が細分化されている場合などは、抜け漏れの懸念もあるため、改めて業務を整理しておくのもよいでしょう。

● **業務をどこまで細分化するのか**

　すべての業務を1つずつ個別に記載する必要はありません。例えば、入社手続きや退職手続きでは、取り扱う情報の重要度はほとんど同じになるため、同じ業務分類としてまとめて考えます。同じ業務としてまとめられるものは、な

❶ 管理担当者	宮澤花子	記入日／更新日	2020/1/20	
管理責任者	大島部長	確認日／承認日		

❻ 件数	❼ 個人情報の有無	❽ 保存期間	❾ 利用範囲	❿ 備考
約40件	有	応募から結果通知後3ヵ月	人事部、面談者	
約30件	有	応募から結果通知後3ヵ月	人事部、面談者	
約600件	有	永久（退職者データは1年間）	人事部、部門責任者	退職者の情報を含む

るべく同じ業務分類としてまとめて記載しましょう。

　採用活動も細かく分類すれば、求人活動や応募管理、面接がありますが、採用活動の全体通して取り扱う情報資産は概ね同じになるのでまとめて記載するのがよいでしょう。ただし、組織によっては、同じ業務でも取り扱う担当者が異なる場合や、情報資産が膨大になる場合は、業務分類を大項目・中項目と何段かに分けて記載してもよいでしょう。

❸情報資産名称

● 業務の振り返り方

　業務で取り扱う情報の洗い出しは、業務における情報のライフサイクル（図8-1）を意識するとよいでしょう。

● 採用活動業務の情報資産とは

　人事部の一般的な採用活動で考えた場合、求人情報の準備／掲載から始まり、面接希望者からの応募、メールなどでの面接日程の調整、面接（複数回）、採用合否通知といった流れになり、取り扱う情報は表8-2のようなものが挙げられます。このように、業務の内容を振り返りながら取り扱う情報を特定していきます。

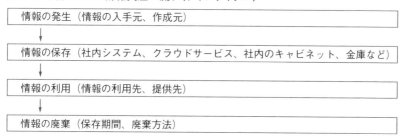

図8-1：業務における情報資産の流れ（ライフサイクル）

情報の発生（情報の入手元、作成元）

↓

情報の保存（社内システム、クラウドサービス、社内のキャビネット、金庫など）

↓

情報の利用（情報の利用先、提供先）

情報の廃棄（保存期間、廃棄方法）

表8-2：採用活動で取り扱う情報資産

タスク	内容	情報資産（例）
求人	求人掲載に関するの情報	掲載原稿
応募	面接希望者からの応募書類	履歴書、職務経歴書、付随情報
調整	面接者とのやりとり	日程調整、面談案内、採用合否の案内通知
面接	面接	評価基準、評価結果
合否	合否連絡	採用合否に関する情報

　情報資産は、細かく見ていけば文書名レベルまで記載できますが、リスク分析時には情報資産の数だけ分析や評価にかかる作業も大変になるため、種類や重要度が同じと考えられるものは、なるべくまとめて記載をしましょう。

　例えば、応募書類に履歴書や職務経歴書などがあったとしても、応募書類として1つの情報資産として考えて問題ありません。

● **クラウドサービスを利用する場合**

　近年、クラウドの活用が進んでいるため、人事業務でも従業員の人事情報やマイナンバーなどを外部のクラウドサービスで管理するケースなども出てきました。

　これらクラウドサービスに保存されている情報は、自社の情報資産として記入するべきでしょうか？ 答えは記入するべきです。保存場所がクラウドであっても、データの管理責任者は人事部なので、情報資産として記入する必要があります。

　情報資産として記入すべきか迷う場合は、情報の所有者や管理責任者は誰なのかといった観点で確認してください。情報の所有者や管理責任者が自社である場合は、自社で守るべき情報資産です。

❹媒体

　情報資産にはさまざまな形があり、媒体や重要度に応じて、適切な保存場所や保存方法を検討する必要があります。

　人事部が取り扱う応募書類では、応募希望者が郵送や面接時に持参してくる「紙媒体」のほか、メールなどで受け取る「電子データ」があります。どちらも個人情報にあたる重要な情報ですが、媒体が異なると直面する脅威も異なるため、情報資産としては分けて記載しておきます。媒体に合わせて、このあと保存先も記入します。

❺保存先

　情報資産が保存されている場所を記入します。応募書類では、電子データと紙媒体（書類）と異なる媒体があるため、それぞれで保管方法が異なります。、一般的には、電子データであれば部門ごとに割り当てられたフォルダ、紙媒体（書類）であれば、部門が管理するキャビネットなどになります。

　情報資産の利用範囲が、担当部門や特定の人に限定されている場合は、利用範囲（利用対象者）以外の人から意図しない閲覧や編集・削除されないよう、適切な保管場所や保管方法で管理されていることが重要です。

❻件数

　情報のボリュームがわかるように件数を記入しておきます。万一、情報紛失や漏えいがあった場合に、影響範囲を把握するために必要な情報となります。

　採用活用で取り扱う「応募書類」であれば、1人の応募書類を1件として、保存・保管されている応募書類の件数を確認します。また、電子データで管理している社員名簿の場合は、電子データが1ファイルであっても、中で管理されている件数を具体的に確認しておきましょう。

　なお、情報の件数が流動的なものは、確認した時点の件数を記載しておけば問題ありません。

❼個人情報の有無

「個人情報」「要配慮個人情報」「マイナンバー」の記載がある場合は「有」と記入します。人事部が取り扱う情報は、個人情報に関わる情報が必然的に多くなりますが、どういった個人情報が含まれているかを意識して、「個人情報」「要配慮個人情報」「マイナンバー」に該当する情報の有無を確認して記入します。

● 中小企業ガイドラインの資産管理台帳の場合

「個人情報」「要配慮個人情報」「マイナンバー」の3項目の記載に分かれています。3項目がそれぞれどういう情報であるかは、リスクアセスメントを実施する前に、各部門の責任者や実施担当者に説明しておきましょう。

「個人情報」は生存する個人に関する情報で、氏名、生年月日、その他の記述などにより特定の個人を識別できるもの、または個人識別符号が含まれるものです。

「要配慮個人情報」は、本人の人種、信条、社会的身分、病歴、犯罪の経歴、犯罪により害を被った事実、その他に本人に対する不当な差別、偏見など不利益が生じないように取り扱いにとくに配慮を要するものとして政令で定める記述が含まれる個人情報です。

「マイナンバー」は、マイナンバー法で定義された「マイナンバー（個人番号）が含まれる特定個人情報」です。

❽保存期限

対象となる情報資産の保存期間が、業務上、定義されているものは、その期間を記入します。保存期間が明確に定義されていないものは、業務において取り扱われる情報のライフサイクルを考えて、この機会に部門関係者で保存期間について検討してください。

情報資産によっては、事業活動が続く間、永久に保存されるものもあるかもしれませんが、不要な情報であれば、持ち続けることがリスクになる場合もあります。事業活動で不要になった情報資産は、リスク管理上、削除や廃棄手順を定義して、保存期間を超えて持たないようにすることも情報セキュリティでは必要な観点となります。

採用活動で取り扱う応募書類であれば、一般的には、採用活動の期間におい

てのみ活用される情報なので、採用活動が終了したら速やかに削除して問題ありません。もしくは、採用活動が終了した後も、何らかの理由で保持する場合は、保管目的と保管期限を定義して、保管期限を過ぎたら削除するようにしましょう。

❾利用範囲

情報資産を利用する対象者を記載します。情報を取り扱う範囲が明確になっていない場合、適切な保管やアクセス制御などが行えず、本来、情報を取り扱いさせるべきでない人や第三者からの不適切な情報の取り扱いが懸念されます。各情報資産を取り扱う利用者を明確に識別し、認識しておくことは、情報管理上、重要な確認事項となります。

管理部門の全員が取り使う情報は、管理部門名を記載します。部門内で、利用者が明確に定められている場合や対象業務の担当者だけとなる場合は、担当者名や役職名など具体的に記載しておきます。また、部門担当者以外の利用がある場合は、それら利用部門や利用者も記載しておきましょう。

情報の取り扱いは、担当者の名前を具体的に記入して、情報管理の責任所在を明確にしておきましょう。

❿備考

備考欄は、情報資産に関する補足説明や注意事項を必要に応じて記入します。担当部門以外の人には、理解しづらい情報資産もあるため、わかりやすい記述を心掛けましょう。

例えば、社員情報では、在籍者の情報だけではなく、退職者などの情報も含まれている場合があります。人事部の担当者であれば、そういった事情を把握しているので、情報資産の件数だけを見れば違和感がないかもしれませんが、情報システム部門の担当者には、実際の社員数よりもはるかに多い件数に違和感を覚えるかもしれません。こういったケースでは、備考欄に、情報資産や件数などに関する補足情報を備考欄に記載しておくことで、担当部門以外の人にも、状況を理解してもらいやすくなります。

各項目の記入は、それほど難しくないですが、実際の部門担当者でないと判

断がつかないものは多いでしょう。そのため、全社的な情報資産の洗い出しは、情報セキュリティを推進する担当部門ではなく、各部門が主体となって、実施してもらう必要があります。情報資産の洗い出しを各部門が実施することで、各部門で取り扱っている情報の重要性や管理状況についての理解を深めてもらうきっかけにもなります。

　リスクアセスメントを各部門に主体的に実施してもらうことで、情報セキュリティに対する意識向上も図っていきましょう。

第 9 章
組織的にセキュリティ対策を推進するために

リスクアセスメントの結果を踏まえて、リスク対応計画が作成できたら、いよいよ情報セキュリティ対策の推進です。リスク対応計画を従業員へ共有し、計画に基づいてセキュリティ対策を推進していきます。

9-1：人や組織の意識がもっとも重要

セキュリティ対策の推進は、対策製品を導入することだけではありません。高額なセキュリティ製品を導入しても、適切に運用されないと効果がまったく得られない場合もあります。

「情報セキュリティは人にはじまり人に終わる」と言われるくらい、人や組織の意識に強く影響されます。どんなに高機能な製品や設備だとしても、従業員のセキュリティ意識が低かったり、システムの運用がお粗末だったりするだけで、あっという間に組織は脆弱になります。

組織的なセキュリティ対策の推進は、技術的な対策だけではなく、人的な対策と組織的な対策が重要なポイントと言えます。さらに、一時的な対策を実施するだけではなく、点検や改善を含めたPDCAサイクルをまわしていくことも重要です。

9-2：経営層から全社員に繰り返し伝えてもらう

情報セキュリティはトップの号令からです。組織的に対策を推進するためには、経営層が先頭に立ち、情報セキュリティに積極的に取り組んでいることを、組織内外へ示してもらうことが重要です。

全社会議や定例会など、全社員が集まる機会では、情報セキュリティ対策の

方針書を読み上げ、推進状況を発表し、情報セキュリティに関するトピックに言及してもらうなど、経営層に働きかけましょう。情報セキュリティに対して積極的に取り組んでいることを、経営層から繰り返し伝えてもらうことで、「うちの会社は、情報セキュリティに力を入れているな」という意識が従業員にも芽生え、結果的に、セキュリティ意識の向上に繋がっていきます。

全社員が集まる機会があまりない場合

全社員が一堂に会する機会がなくても、役員や管理職が集まる機会はあると思います。経営層から管理職に対して、情報セキュリティの取り組みやトピックを伝えてもらい、各部門の従業員に伝えるよう指示をしてもらいましょう。

経営層が、本気で情報セキュリティに取り組んでいる組織は、その意識や緊張感が現場にも伝わり、組織全体の意識向上に繋がっていきます。組織的な対策の推進の第一歩は、経営層を活用し、全社に「情報セキュリティの重要性」について、号令をかけてもらうことから始めましょう。

9-3：意識を向上するために実施すべきこと

情報セキュリティに対する意識を共有して持続させることは、言うは易く行うは難しです。

よほど意識的に活動していないと緊張感は徐々に薄れ、従業員の意識も低下していきます。何も活動をせずに情報セキュリティの意識が向上するのは、残念ながらセキュリティインシデントが発生したときだけです。

組織的な対策は、年間計画などの定期計画に盛り込み、意識的に取り組むことが不可欠です。経営層が号令をかける以外に、意識を向上させる方法として、次に挙げる取り組みがあります。

・情報セキュリティポリシーの周知
・情報セキュリティに関する社内研修
・内部監査（自己点検）

情報セキュリティポリシーや規定を従業員へ周知するとともに、情報セキュ

リティポリシーや規定類を形骸化させないためにも、定期的に業務や運用の実態を確認しましょう。自己点検（内部監査）は、情報セキュリティの意識の向上に繋がります。

情報セキュリティポリシーを周知するために

情報セキュリティポリシーや規定を作成しても、その後一度も活用されないなど、作成することが目的となってしまっている場合があります。また、ほとんどの従業員がポリシーや規定の存在を知らないのでは意味がありません。

情報セキュリティポリシーや規定が従業員に理解されていないと、対策として何を実施すべきか、何がルール違反なのかわからないため、従業員は、無意識的に（何の悪気もなく）情報セキュリティインシデントを誘引するポリシー違反の行動を取ってしまうかもしれません。

● ハンドブックを活用する

情報セキュリティポリシーや規定の内容は、従業員には理解が難しい部分もあるため、そのまま周知や社内研修を実施しても、なかなか理解してもらえません。ポリシーや規定を従業員に理解してもらうためには、専門家でなくても理解できるような平易な言葉とわかりやすい図説などを交えたハンドブックを作成して、活用しましょう。また、すべてを詳細にまとめるのではなく、優先順位を決めて、とくに認識してほしい事項（5つ程度）に注力して作成するのがよいでしょう。

第7章（P.97）の「情報セキュリティのハンドブック（ひな形）も活用できます。

情報セキュリティに関する社内研修を実施しよう

社内研修を実施する対象者は、経営層や管理職から優先的に実施しましょう。組織において責任を持つ立場の方から理解してもらうことが重要です。また、全従業員に対して理解が行き渡るよう、繰り返し研修を実施してください。

同じ内容でも毎年しつこいくらい何度でも実施し、「またあれか」と言い出すくらいが、社内認知としてはちょうどよいくらいです。

●各部門への研修は部門長に実施してもらう

　できれば、各部門の責任者（部門長）が自分の部門メンバーに対して研修する形態がよいでしょう。セキュリティ部門の担当者が、各部門への研修を担当してしまうと、自分の業務には関係ないと割り切ってしまったり、他人事と感じてしまうことなどが懸念されます。自分事として認識してもらうためには、各部門の責任者に研修を実施してもらうことが、一番効果的な方法です。

　部門責任者は管理部門の事業的な責任だけではなく、情報セキュリティに対する責任もあることを強く認識してもらう必要があります。もし、自分の部門に対する情報セキュリティ研修の実施を拒むような方は、責任者として不適切と考えざるを得ません。

●eラーニングサービスを活用する

　情報セキュリティに関する社内研修は、無償の啓発動画やeラーニングを活用して、実施してもよいでしょう。従業員に対する情報セキュリティ教育のコンテンツとして活用できる独立行政法人 情報処理推進機構（IPA）のWebサイトを紹介します。

・映像で知る情報セキュリティ（図9-1）

　ストーリー仕立ての内容でわかりやすく、映像コンテンツの種類が豊富です。筆者のお勧めは「内部不正と情報漏えい」（約11分）です。社内研修など営利目的でなければ、IPAのホームページから申請することで、DVDが無償で配布されています。

・5分でできる！ ポイント学習（図9-2）

　第7章（P.99）でも紹介した「5分でできる！ポイント学習」は、11テーマを5分で学習できるように構成された自己学習サイトです。動画形式の学習スライドのほか、確認テストも用意されています。主に中小企業を対象としており、会社などで起きる身近な話題をストーリー形式で学習することができます。また、PDF版をダウンロードして学習することも可能です。

・ちょこっとプラスパスワード（図9-3）

　パスワード管理の重要性について、危険なパスワードや安全なパスワードをわかりやすく説明しています。基本的なパスワード管理の注意点を説明する際に活用できるでしょう。

図9-1：映像で知る情報セキュリティ

| 映像で知る情報セキュリティ

情報セキュリティ上の様々な脅威と対策をドラマなどを通じて学べる映像シリーズです。
社内研修などでご活用下さい。
主な映像を収納した**DVD-ROM**も配布しています。

（※DVD-ROMに収録されている映像は右記のDVD-ROMのお申込みページよりご確認下さい）

DVD-ROMのお申込み

		内容	再生時間	公開日
ウイルス・サイバー攻撃対策				
1		**組織の情報資産を守れ！** **-標的型サイバー攻撃に備えたマネジメント-** 組織の情報資産を守るためには経営者のリーダーシップによって対策を進める必要があります。本映像では経営者の視点で標的型サイバー攻撃に備えた組織マネジメントのポイントを説明します。 (詳しい説明へ)	約10分	2016/ 03/31
2		**見えざるサイバー攻撃 -標的型サイバー攻撃の組織的な対策-** 標的型サイバー攻撃で組織的な対応ができなかったケースの再現ドラマを通じて、標的型サイバー攻撃の組織的な対策のポイントを説明します。 (詳しい説明へ)	約13分	2017/ 04/03
3		**そのメール本当に信用してもいいんですか？** **-標的型サイバー攻撃メールの手口と対策-** 企業内の標的型攻撃メールの訓練を舞台に、ウイルスが含まれている添付ファイルを開かせる標的型標的型サイバー攻撃メールの手口を示し、その対策を説明します。 (詳しい説明へ)	約10分	2016/ 03/31
4		**デモで知る！ 標的型攻撃によるパソコン乗っ取りの脅威と対策** 標的型攻撃によるパソコンの乗っ取りについて、その手口や脅威をデモを通じて説明すると共に、被害に遭わないための対策を説明します。 (詳しい説明へ)	約7分	2016/ 01/12

URL https://www.ipa.go.jp/security/keihatsu/videos/

図9-2：5分でできる! ポイント学習

URL https://security-shien.ipa.go.jp/learning/

図9-3：ちょこっとプラスパスワード

 https://www.ipa.go.jp/chocotto/pw.html

内部監査（自己点検）をしよう

セキュリティポリシーや規定の内容について遵守性を確認していますか。遵守性の確認とは、業務においてセキュリティポリシーや規定に従い、必要な対応や手順を正しく守っているかを点検することです。

点検が実施されていない場合、従業員はポリシー違反やルール違反に気付かず、また指摘されることもないため、インシデントの発生リスクが高まるほか、結果的にセキュリティポリシーや規定は形骸化していきます。

● 情報セキュリティポリシーや規定を形骸化させないために

定期的に現場の運用や対応状況を確認しましょう。点検や確認が実施されないと、セキュリティポリシーは、存在しないものと同じです。情報資産を取り扱う現場の実態を定期的に確認することで、適切なリスク対応が取られているかを評価することができます。

また、ポリシーと実態に大きな乖離がある場合には、セキュリティポリシーや規定の見直しや改善が必要になる場合もあります。

● **情報セキュリティ監査による定期点検**

遵守性の確認は、情報セキュリティ対策の実施計画（リスク対応計画）などに組み込んで、年に1〜2回実施してください。大切なことは、点検する仕組みを作り、定期的に遵守性を確認することです。

情報セキュリティに関する点検を、「情報セキュリティ監査」と呼びます。自社の点検を自分たちで実施する場合を「内部監査」、外部の第三者に依頼する場合を「外部監査」と言います。

● **内部監査の場合はクロスチェックで**

情報セキュリティの担当部門は実施支援のアドバイザーとなり、実際の点検は各部門に担当してもらいましょう。ただし、自分の部門を点検すると確認が甘くなったり、（部門の事情を理解している分だけ）都合よく解釈される場合などがあるため、あえて監査対象となる部門の事情をあまり把握していない他の部門（普段あまり業務的な関連性をもっていない部門など）が点検を実施することを推奨します。

例えば、人事部、営業部、経理部、技術部がある組織において、部門ごとに点検チーム（内部監査チーム）を作ります。そして、次のように実施します。

・**人事部 ⇒ 営業部**
・**営業部 ⇒ 経理部**
・**経理部 ⇒ 技術部**
・**技術部 ⇒ 人事部**

それぞれ異なる部門間で監査を実施することで、緊張感が生まれることや、お互いの部門の業務理解なども期待できます。組織の包括的な情報セキュリティのレベル向上にも繋がるため、自己点検を行う場合はクロスチェックの仕組みが効果を発揮します。

● **外部監査で期待できること**

クロスチェックを何年も同じ形で実施してくると、組織全体の業務理解やセキュリティ意識の向上が図れても、徐々に緊張感が薄れて形骸化する懸念もあります。その場合は、自社による自己点検（内部監査）に加えて、数年におきに外部の第三者（信頼できる情報セキュリティ会社など）による外部監査を実施してみましょう。

　外部の情報セキュリティ会社へ依頼する場合、委託費用が発生しますが、第三者として、独立した客観的な観点で監査が行われるため、これまで自社の自己点検で指摘されていなかった情報セキュリティ上の懸念事項や改善点などをアドバイスしてもらえます。また、専門家による点検となれば、監査対象となる部門には、相当の緊張感が出るため、監査を受けるための準備や対応が、結果的に情報セキュリティの対策強化や意識向上に繋がることが期待できます。

　実施頻度は組織の規模や状況によりますが、情報セキュリティポリシーや規定を形骸化させないためにも、少なくても年に1回は自己点検を実施してください。また、3年に1回は外部監査を実施することをお勧めします。

9-4：定期的にセキュリティポリシーや規定を見直す

　世の中の技術変化や新たな脅威の出現、自社の環境変化など、状況は常に変化していきます。そのため、世の中のIT関連技術の動向やセキュリティ脅威の動向を踏まえて、定期的にポリシーや規定類の見直しをしましょう。

　たとえば、昨今は業務でもスマートフォンやクラウドの利用が拡大しているため、これら環境の変化に合わせて、モバイルやクラウドサービスに関する利用規定を整備する必要が出てきます。

　クラウド利用に関する規定を検討する場合は、IPAの「中小企業のためのクラウドサービス安全利用の手引き」（図9-4）が参考になります。

　見直しのタイミングは、毎年1回は見直すようにしましょう。見直すというのは、改訂の必要性を確認するという意味で、組織内外の状況や監査の結果などから、とくに変更を必要としなければ、「今年は変更の必要なし」という確認が取れれば問題ありません。

　何らかの事情によりセキュリティポリシーの改訂が必要となった場合、改訂作業に必要な時間や労力、コストなどを考慮したうえで対応の検討が必要になります。そのため、ポリシー変更に必要となるリソースを判断するうえでも、見直し可否を確認するタイミングでは、この先（少なくても1年先くらい）の状況を予測しつつ、ポリシー変更の必要性を検討するようにしましょう。

図9-4：中小企業のためのクラウドサービス安全利用の手引き

出典：独立行政法人 情報処理推進機構（IPA）、URL https://www.ipa.go.jp/files/000072150.pdf

第 10 章
インシデントに備えるために

　セキュリティインシデントは、必ず発生します。巧妙なサイバー攻撃が要因になることもありますが、そもそも完璧な情報システムは存在しないと考えたほうがよいでしょう。インシデントが発生する／しないの問題で考えるのではなく、「いつ発生するか」という時間の問題として捉え、あらかじめ必要な対策を整備しておくことが重要です。

10-1：インシデント対応の基本

　インシデントの発生を抑制するための「事前対応」は重要ですが、発生を想定した「事後対応」を準備していないと、被害はさらに拡大していきます。インシデント対応の心構えは「早期発見」と「迅速対処」が基本です。

　迅速に対処するためには、平時からインシデントが発生することを前提とした対策の検討と準備が必要になります。

　もしインシデントが発生しても、「なぜ発生したのか？」「どうすれば回避できたのか？」「より迅速に対処するには？」など、経験や教訓を今後に生かすことが大切です。犯人捜しではなく、前向きに対応することを心がけましょう。

対応次第で評価される場合もある

　インシデントが発生してしまった場合、顧客や取引先からの信用を失うことが懸念されます。しかし、対応次第では信用を失うことなく、逆に対応を評価されるという状況もあります。それらに共通しているのは、次の点がすばらしいということです。

・迅速な対応
・ていねいな報告
・再発防止策

インシデント対応に対して、自社だけでは不安がある場合は、あらかじめ信頼できるセキュリティ会社と連携し、日頃から必要な対応について、相談や検討、準備をしておくことを推奨します。

10-2：インシデントの対応力を確認する

インシデント対応とは、発生時の火消し的な対応だけではなく、発生を抑制させる事前対応や、インシデント対応から得られる教訓やノウハウの蓄積、再発防止策などへの取り組みといった事後対応も含まれます。

具体的には次のようなものです。

・文書類の整備状況
・インシデント対応チームの構成
・インシデント対応の準備
・予防
・検知と分析
・封じ込め／根絶／復旧および事後活動

組織対応力ベンチマークチェックシート

みなさんの会社のインシデント対応能力は、現在どのくらいでしょうか。難しい質問ですね。自社の対応能力を客観的に確認したり評価することはないでしょう。他のセキュリティ対策と同様に、まずは自社の状況を把握することから始めることが重要です。

次のチェックシートを活用して、自社の組織対応力を評価してみましょう。

・組織対応力ベンチマークチェックシート
URL【Excel版】https://ogc.or.jp/wp/wp-content/uploads/2015/06/benchmark_checksheet.xlsx
URL【PDF版】https://ogc.or.jp/wp/wp-content/uploads/2015/06/benchmark_checksheet_pdf.pdf

・組織対応力ベンチマークチェックシート詳細版

URL【Excel 版】https://ogc.or.jp/wp/wp-content/uploads/2015/06/
benchmark_checksheet_detail.xlsx

URL【PDF 版】https://ogc.or.jp/wp/wp-content/uploads/2015/06/
benchmark_checksheet_detail_pdf.pdf

・組織対応力ベンチマーク解説書（初版）

URL https://ogc.or.jp/wp/wp-content/uploads/2015/06/benchmark_
commentary_Ver.1.0.pdf

　このチェックシートは、米国 NIST（アメリカ国立標準技術研究所）が公表して
いる「コンピュータセキュリティ インシデント対応ガイド（SP800-61）注1」を
ベースに、日本の一般社団法人オープンガバメント・コンソーシアム（OGC）が
作成した「サイバー攻撃への対応能力」を評価できるチェックシートです。

　インシデント対応として整備すべき重要な項目が、**表10-1**のように6分野25
個の設問で構成されています（詳細版ではさらに細かく分類されています）。各
設問に回答をすると、組織の「サイバー攻撃への対応能力」をレーダーチャート
で表示してくれる優れモノです。組織のインシデント対応力の把握と向上に生
かしてください。

10-3：関連するドキュメント（テンプレート）を準備する

　インシデントの発生に備えて、次に挙げる手順書やテンプレートを用意して
おきましょう。

・インシデント受付表（記録表）
・インシデント発生報告書／経過報告書／最終報告書
・インシデント対応フロー／対応手順書
・インシデント発生時の確認事項

　これらは一から作成する必要はありません。すでに公開されているものがあ

注1）　**URL** https://www.ipa.go.jp/files/000025341.pdf

表10-1：組織対応力ベンチマークチェックシートの設問

No.	対策分野	設問
1	文書類の整備状況	マネジメント層の責任表明を含む「インシデント対応ポリシー」を策定し、組織全体に周知徹底していますか？
2		インシデント対応にかかわる組織の役割や目標を明記した「インシデント対応計画」を策定し、インシデント対応機能の確立を推進していますか？
3		「インシデント対応ポリシー」と「インシデント対応計画」に基づき「インシデント対応手順」を策定し、標準となる対応手順を関係組織に周知徹底していますか？
4		インシデント関連の情報共有に関するポリシーと手順を策定し、組織外に向けた情報提供について関係組織に周知徹底していますか？
5	インシデント対応チームの構成	インシデント対応チーム構成を検討する際に、適切なインシデント対応チームモデルを選択し、適切なスキルをもった人材要員を検討していますか？
6		インシデント対応に参加してもらう必要がある、組織内のほかのグループが明確になっていますか？
7		インシデント対応チームが担う、インシデント対応以外の役割を明確にしていますか？
8	インシデント対応の準備	社内外からのインシデントに関する情報について、インシデント対応担当者への連絡手段および連絡するための設備が準備されていますか？
9		インシデント分析のためのハードウェアとソフトウェアが準備されていますか？
10		重要資産の一覧を準備する等、インシデント分析のための準備がされていますか？
11		インシデント鎮静化(対処・復旧)のためのソフトウェアが準備されていますか？
12	予防	システムとアプリケーションのリスク評価を定期的に行っていますか？
13		パッチ管理ができていますか？
14		ホスト(クライアント端末／サーバ等)のセキュリティは適切に管理されていますか？
15		ネットワークセキュリティは適切に管理されていますか？
16		ウイルスなどの悪意のコードを予防する仕組みを導入していますか？
17		トレーニングや訓練によって、ユーザのセキュリティ意識向上に努めていますか？
18	検知・分析	IDSなどの攻撃を検知する仕組みがありますか？
19		ネットワークとシステムの使用率や、正常な動作を把握し、異常を検知できる仕組みがありますか？
20		ポリシーに基づくログの取得と保管を実施するとともに、各イベントを相関分析する仕組みがありますか？
21		インシデント対応に必要な知識やスキルを向上し、攻撃検知の仕組みに反映していますか？

22		インシデントを封じ込めるための手順や戦略・許容できるリスク定義は出来ていますか？
23	封じ込め・根絶・復旧および事後活動	証拠保全（証拠収集や処理）の方法について、文書で確立された手順に従って対応できますか？
24		不用意に変更・破壊することなく、揮発性データを証拠としてシステムから取得することができますか？また、フォレンジックに適した完全なディスクイメージ（単なるファイルシステムのバックアップではなく）を収集できますか？
25		インシデント対応のレビュープロセスが入っていますか？

出典：一般社団法人オープンガバメント・コンソーシアム、
URL https://ogc.or.jp/wp/wp-content/uploads/2015/06/benchmark_checksheet.xlsx

るので、これらを有効に利用して、徐々に自社に合った形に改善していけばよいでしょう。

インシデント受付表（記録表）

インシデントを検知した際に、受付日時、概要、担当者、対応内容などを記録するものです。発生したインシデントを一覧で確認できるようなものを用意しておきます。

情報セキュリティ大学院大学が公表している「情報セキュリティ事故対応ガイドブック」の「付録1：情報システム事故受付表」（図10-1）が活用できます。この事故受付表では、次の項目があります。

・管理番号
・受付日
・報告者
・事故識別
・情報資産名
・事故概要
・受付者
・影響範囲
・対応要否
・事故原因
・事故対応者

図10-1：情報システム事故受付表

【付録1】情報システム事故受付表

整理番号	受付日	報告者	事故種別	情報資産名	事故概要	受付者	影響範囲	対応者	事故原因	事故対応者	対応概要	対応完了日	検証者	検証完了日	備考
0001	2011/4/1	報告者	A 障害	ショッピングサイト	ショッピングサイトにアクセスできない。	受付者	3. 顧客	甲	DDoS攻撃によりWebサーバーが過負荷状態になったため。	事故対応者	特定の攻撃に対するパケットフィルタリングを実施、監視者・管理者へ被害報告を提出し、次策者の連絡を依頼。	2011/4/1	検証者	2011/4/1	

出典：情報セキュリティ大学院大学－情報セキュリティ事故対応ガイドブック（付録1）、
URL http://lab.iisec.ac.jp/~hiromatsu_lab/files/jiko-guidebook.pdf

- ・対応概要
- ・対応完了日
- ・検証者
- ・検証完了日
- ・備考

インシデント発生報告書／経過報告書／最終報告書

インシデントが発生した際には、迅速に必要事項を記入できるようにテンプレートを準備しておきましょう。報告書は、インシデント発生時の発生報告だけではなく、対応経過や最終的な対応結果なども報告書として作成します。これら報告書は、今後のインシデント対応における有用なノウハウとなります。

こちらも、情報セキュリティ大学院大学が公表している「情報セキュリティ事故対応ガイドブック」の「付録2〜4」（図10-2〜図10-4）が活用できます。インシデント受付表（記録表）と併せて準備をしておきましょう。

インシデント対応フロー／対応手順書

インシデントに対する担当者や関係者、対応手順、対応フローなどをまとめた手順書です。インシデントが発生すると、担当者や関係者は、早く対処しなくてはいけないと気持ちが焦るものです。焦って行動すると、やるべき基本的なことを忘れるなど、抜け漏れが発生します。

対応手順や対応フロー図などを整備しておき、インシデント発生時に、落ち着いて対応ができるようにしておきましょう。また、やるべきことを確実に実行できるよう、実施事項を整理したチェックシートを作成しておいてもよいでしょう。

図10-2：情報セキュリティ事故発生報告書

情報セキュリティ事故発生報告書

件名			
報告者 （所属・氏名）		報告日	年　　月　　日

下記事項のうち判明していることを迅速に報告すること。

事故発見者 （※）		発見日時	年　　月　　日　　時頃
事故発生場所		発生日時	年　　月　　日　　時頃
事故の種類	□システム障害（公開システム・社内共有システム・個人システム） □外部からの攻撃（ウイルス感染・不正アクセス・改ざん・その他） □情報漏えい （紛失・盗難・誤送信・誤公開・管理ミス・内部犯行・その他） （意図的要因・非意図的要因）　（発災当事者判明・発災当事者不明）		
影響範囲	□顧客　　□全社　　□複数部署　　□単一部署　　□個人		

（※）情報漏えいの場合は、発災当時者を記載し不明な場合は不明と記載すること。

対象資産 （媒体、範囲、量）	
事故の内容	
想定される原因	
想定される二次被害 等影響	
初期対応	暫定措置	
	現在の状況	
復旧時期の見込み	
対応実施者	

出典：情報セキュリティ大学院大学－情報セキュリティ事故対応ガイドブック（付録2）、
URL http://lab.iisec.ac.jp/~hiromatsu_lab/files/jiko-guidebook.pdf

図10-3：情報セキュリティ事故経過報告書

情報セキュリティ事故経過報告書

件名			
報告者 （所属・氏名）		報告日	年　　月　　日
前回報告者 （所属・氏名）		前回報告日	年　　月　　日
報告事由	□誤報訂正 □新規事項判明 □その他（　　　　　　　　　　　　　　　　　　　　　　　　）		
報告事項			

出典：情報セキュリティ大学院大学－情報セキュリティ事故対応ガイドブック（付録3）、
　　　URL http://lab.iisec.ac.jp/~hiromatsu_lab/files/jiko-guidebook.pdf

図10-4：情報セキュリティ事故最終報告書

情報セキュリティ事故最終報告書

件名			
報告者 （所属・氏名）		報告日	年　　　月　　　日

事故の概要	
事故の原因	
事故対応の経緯	
事故対応後の結果	
最終的な被害状況	
事故対応における問題点	
再発防止策および実施計画	

出典：情報セキュリティ大学院大学ー情報セキュリティ事故対応ガイドブック（付録4）、
URL http://lab.iisec.ac.jp/~hiromatsu_lab/files/jiko-guidebook.pdf

インシデント対応フローや手順書の例として、こちらも情報セキュリティ大学院大学の「情報セキュリティ事故対応ガイドブック」で紹介されています。発生が想定されるインシデント毎に、対応に関係する「担当者」と「フェーズ」をフロー図として、整理されています（図10-5、図10-6）。これらの情報を参考に、自社で想定される対応ケースについて検討し、自社に合った対応フローを作成してみましょう。

インシデント発生時の確認事項

インシデントの発生時は、状況を整理して、正しく把握することが重要です。不確実な情報で対応を進めると、現場が混乱して、対応がさらに遅延する場合があります。整理すべき事項について、あらかじめシートを準備しておくことで、関係者との状況共有や外部のセキュリティ会社へ対応依頼する場合などに役立ちます。

確認すべき事項は、経済産業省から公表されている「サイバーセキュリティ経営ガイドライン」の「付録C インシデント発生時に組織内で整理しておくべき事項」が活用できます（図10-7）。インシデントに関する「基本事項」のほか、「情報漏えい」「ウイルス感染」「不正アクセス」「DDoS攻撃」など、整理すべき事項が取りまとめられています。

図10-5：対応フロー例（ウイルス感染）

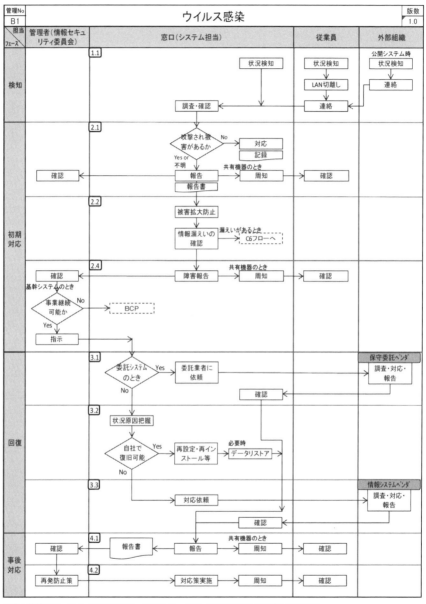

出典：情報セキュリティ大学院大学ー情報セキュリティ事故対応ガイドブック（図37）、
http://lab.iisec.ac.jp/~hiromatsu_lab/files/jiko-guidebook.pdf

図10-6：対応フロー例（不正アクセス、改ざん）

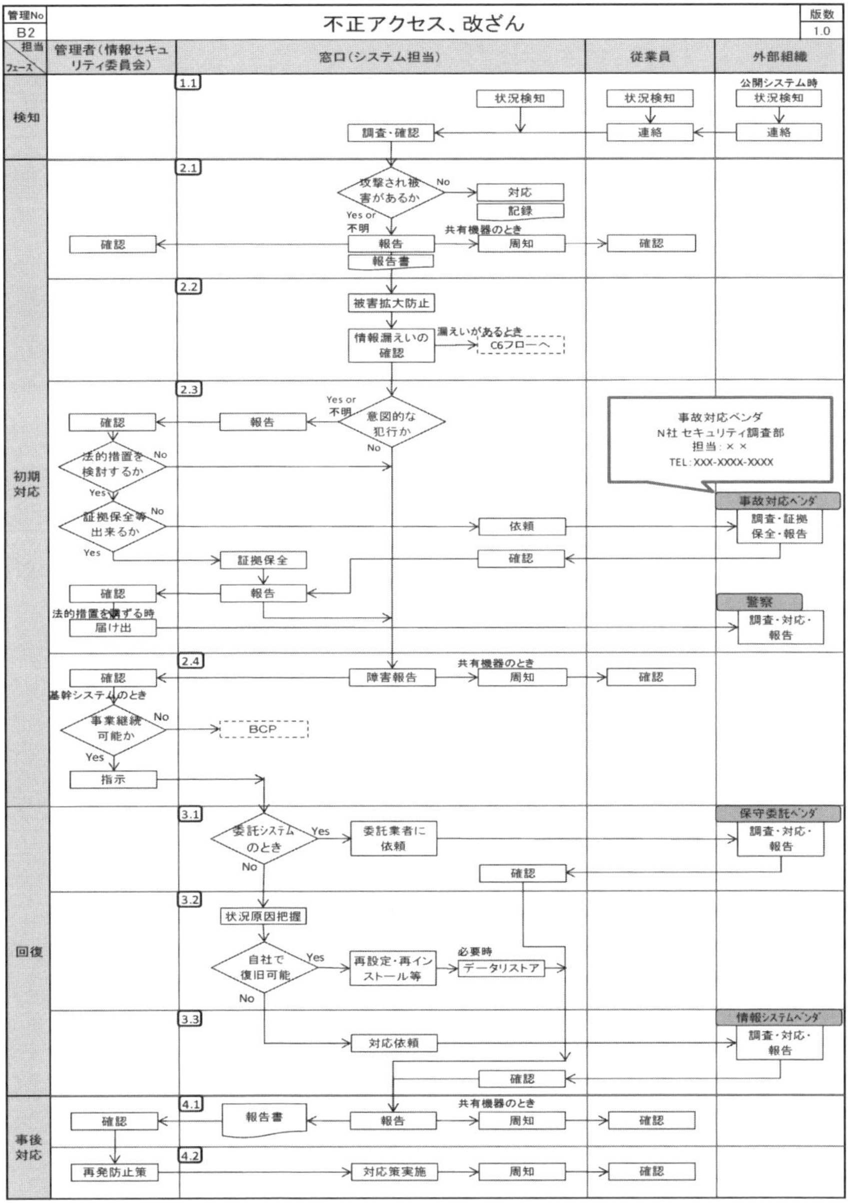

出典：情報セキュリティ大学院大学－情報セキュリティ事故対応ガイドブック（図39）、
URL http://lab.iisec.ac.jp/~hiromatsu_lab/files/jiko-guidebook.pdf

図10-7：インシデント発生時に組織内で整理しておくべき事項

付録C インシデント発生時に組織内で整理しておくべき事項

インシデント発生時、原因調査等を行う際に組織内で整理しておくべき事項を示す。
本資料の内容を参考に原因調査等を行い、必要な事項については適宜経営者や関係者に報告を行うことが望ましい。

本付録では、以下の5つの表を提供する。インシデントの状況に応じて該当する表を利用すること（案件により複数の表を利用することもある。例えば、不正アクセスにより情報漏えいが発生した場合は表1、表2、表4を利用する）

表1	基本項目	全てのインシデントで共通して調査すべき項目
表2	情報漏えいに係る項目	情報漏えいが発生した際に調査すべき項目
表3	ウイルス感染に係る項目	ウイルス感染が発生した際に調査すべき項目
表4	不正アクセスに係る項目	不正アクセスを受けた際に調査すべき項目
表5	（D）DoSに係る項目	（D）DoS攻撃を受けた際に調査すべき項目

攻撃発生

攻撃・被害の認知

初動対応
- 被害範囲の確認
- サービス停止有無の判断
- 顧客・取引先対応
- 外部専門企業等への調査依頼

第一報
※表1の項番1-11を記載
インシデントが発生したことを速やかに周知。必要に応じてサービス停止や二次被害防止のための注意喚起を行う目的で報告

原因調査
- 侵害原因調査
- システムの脆弱性等の確認
- 被害の詳細確認

第二報以降
※インシデントの分類に応じた表を選択 調査の結果、判明した内容を記載
インシデントによる被害範囲がおおよそ確定し、原因が判明した後に、被害を受けた人に対する周知と他組織が同様の攻撃による被害を受けないための情報共有を行う目的で報告

事後対策
- 再発防止策の検討・実施

最終報
※再発防止策を含む全てを記載
被害に対する対応と、その後の再発防止策を含めた事後対策の実施等について、周知を行うことで関係者の安心と、他組織が参考とする目的で報告

出典：経済産業省－サイバーセキュリティ経営ガイドライン（付録C）、
URL https://www.meti.go.jp/policy/netsecurity/downloadfiles/CSM_Guideline_app_C.xlsx

エピローグ

経営者の方へお伝えしたいこと

　経営者のみなさん、毎日、本当にお疲れさまです。経営者は、本当に大変な仕事と思います。売上、費用、損益といった財務的なことから、事業継続や新規事業の立ち上げ、人材確保や社員育成、取引先や顧客のこと、危機管理に至るまで、さまざまな経営課題を解決しながら、事業を推進することが求められます。それこそ、業務の時間だけでなく、朝も夜も、休みの日であっても仕事のことばかり考えていることでしょう。経営者は、そういうものです。筆者も経営者の一人であり、四六時中、頭の中は仕事のことばかり考えてしまうので、とてもよくわかります。

　新規事業をはじめるときは期待感や高揚感もありますが、それ以上に、経営課題や事業リスクに対する不安や心配は尽きないと思います。

　本書の最後に、同じ経営者として、これだけは絶対に知っておいてほしい、これだけは真剣に取り組んでほしいポイントを紹介していきます。

10-1：セキュリティリスクは経営リスク

　企業の価値は、世の中から求められる価値を提供することであり、経営者の責務は社会的価値の維持・拡大とともに、組織の事業を継続させることです。経営者は事業継続に対して責任を持つ立場です。これまでもさまざまな課題や困難、苦労があり、そのたびに全力を尽くして経営課題を解決してきたことでしょう。そして、これからもさまざまな課題は発生します。その1つが「セキュリティリスク」です。

保有する情報資産の価値が高いほどリスクは高くなる

　高度情報社会である現代では、多くの情報を効率的に活用することで、ビジネスを優位に推し進めることが可能ですが、情報の取り扱いや管理を誤ると、

企業経営に致命的な被害が発生するリスクもあります。事業を行うためにはさまざまな情報資産を保有します。保有する情報資産の価値が高いほど、リスクは高くなります。価値ある情報資産が侵害や損失すると、事業継続に影響が発生し、経営が困難になる事態に陥る場合もあり得ます。たった一度のセキュリティインシデントで、事業継続が困難になった企業は数多くあります。

情報セキュリティの推進は経営者の責務

情報セキュリティは、組織の情報資産を守ることが目的です。そのためには、リスクを特定し、リスク対応を取ること、対応を推進することが必要になります。情報セキュリティは、リスク対応を行い、情報資産を維持することです。

情報セキュリティ対策は、企業経営におけるリスクを適切に管理するために必要不可欠です。セキュリティリスクは経営リスクの1つであり、解決すべき経営課題です。経営者の責務として、情報セキュリティを推進することが必要です。

また、情報セキュリティ対策の取り組みは、組織内外に示すことも重要です。組織のトップである経営者自ら、組織内外へ自社の取り組みを積極的にアピールしていきましょう。

情報セキュリティは投資

情報セキュリティは、本業である事業で目一杯アクセルを踏むために不可欠な安全装置です。ブレーキやシートベルトのないスーパーカーには怖くて乗れません。つまり、情報セキュリティは、ビジネスを安心して加速させるために必要な投資と考えるほうがよいでしょう。

10-2：ビジネスで失うと一番こわいもの

企業が売上や利益をあげるためには、「ヒト」「モノ」「カネ」「情報」といった経営資源が必要ですが、企業の事業継続や事業成長において、決して欠かせない重要なものがあります。それは信頼関係です。顧客やステークホルダーとの信頼関係なしには、ビジネスの成長はありません。

企業活動では、製造や開発に関わる設計情報、顧客リスト、個人情報、営業

機密、運用マニュアル、著作権など、多くの情報を取り扱います。また、これら情報を活用することで付加価値あるサービスを顧客に提供します。

しかし、これら情報管理が適切に行えない会社とは、どこも付き合いたいとは思いません。個人的な関係性においても、大事な親友やパートナーの秘密を守ったり、相手を絶対に裏切らないという強い信念や姿勢、行動が、お互いの信頼関係を構築します。ビジネスにおいても、取引先や顧客の大切な情報を適切に管理すること、情報セキュリティに本気で取り組むことが、強固な信頼関係を維持するうえでの重要なルールと言えます。

法的責任と社会的責任も問われる

情報セキュリティ対策が不十分で、顧客情報や取引先との営業秘密などの情報を漏えいした場合、経営者や事業責任者は、法的な責任や社会的責任も問われます。事業に対する影響は多大なものとなり、それだけで事業継続が困難になることも考えられます。

とくに日本では、情報漏えいした規模や内容よりも、顧客情報を漏えいしたという事実に対して厳しい国です。情報漏えいや提供サービスにおける損害が発生した場合には、その管理責任を問われ、顧客や取引先からの集団訴訟を起こされることも考えられます。上場企業であれば、株価の暴落は避けられないでしょう。

10-3：直接被害よりも怖い間接被害

情報セキュリティインシデントによる被害を考える場合、情報システムやデータの侵害といった直接的な被害の部分だけではなく、それによって発生する事業への影響を考えることが重要です。とくに事業影響は発生した直後だけではなく、その後の事業に対しても長く影響する場合もあります。

間接被害とは

セキュリティインシデントの発生によって、費用換算できる被害や負担は「直接被害」として捉えることができますが、企業に与える被害には、目には見えず、費用換算が難しい「間接被害」があります。

●直接被害
  ・システムの停止や侵害に伴う事業損害
  ・情報漏えいによる補填費用、損害賠償
  ・インシデント対応にかかる費用
  ・システムの復旧や点検に係る対策費用
  ・再発防止策（対策強化）に係る対策費用
  ・損害に対する補償金（見舞金）など

●間接被害
ー事業における影響
  ・顧客離れや機会損失による売上低下
  ・取引停止や契約解除　など
ー会社に対する影響
  ・社会的信頼の低下、企業ブランド低下
  ・株価暴落、風評被害
  ・集団訴訟、損害賠償、係争による疲弊
  ・社会的責任、法的責任、罰則、行政指導
  ・事業免許や認証の取り消し　など
ー組織内における影響
  ・業績不振による従業員の不安、不満
  ・社員の退職、社内のモチベーション低下
  ・売上低下による給与や賞与の減額　など

　社会的信頼や企業ブランドの低下、風評被害による顧客離れ・機会損失など
が、売上低下につながり、事業を悪化させます。また、業績の低迷や会社の将
来に対する不安から、優秀な社員が次から次へと退職してしまうなど、うまく
いっていた事業も一気に立ち行かなる事態も考えられます。
　間接被害は、インシデント発生の後、企業の事業活動へ長期にわたって影響
し、ボディブローのようにじわじわと企業の体力を奪います。インシデントが
発生した企業は、直接被害以上に、間接被害の影響により、最終的に事業継続
が困難な状況へ追い込まれていきます。一度、負のスパイラルに陥ってしまう

と、百戦錬磨の経営者であっても、流れを戻すことは容易ではありません。

　情報セキュリティインシデントによる影響は、直接被害だけではなく、費用では解決困難な間接被害があるため、情報システムを管理する担当者だけに対応を押し付けるのではなく、企業経営に責任を持つ経営者が、経営課題として情報セキュリティ対策の推進に取り組むことが重要になります。

10-4：インシデントは必ず発生することを前提とする

　情報セキュリティインシデントは、必ず発生します。そのため発生を前提とした対策を推進することが重要です。異常や不審を認知した場合の連絡窓口を明確にしておくことや組織内外の関係者の連絡体制を整備することなどは、インシデントの発生を想定して、あらかじめ準備は可能です。

　また、社員の情報セキュリティインシデントに対する理解と意識を向上するため、インシデント発生を模した対応訓練を定期的に実施することも効果的です。

　インシデントが発生したとしても、迅速に対処し、対外的にも誠意ある真摯な対応を示すことで、顧客からの信頼や社会的信頼を維持することは可能です。インシデント対応を通して、情報セキュリティに対する会社の姿勢を評価される例は数多くあります。

　情報セキュリティ対策は、ビジネスにおけるリスク対応の観点でも不可欠な取り組みとなりますが、顧客やステークホルダーからの信頼を勝ち得るうえでも、逆に信頼を失わないためにも、インシデント発生を前提とした、積極的な取り組みが必要です。

10-5：これだけはやっておいてください（経営者の責務）

　情報セキュリティ対策を推進する際に、経営者が担う役割と責務は、最低でも次の4点があります。

・先頭に立つ！
・リソースを確保する！ 体制を整備する！

・サプライチェーンにも気を配る！
・情報収集と積極的な交流！

先頭に立つ！

　組織トップのセキュリティに対する意識は、組織のセキュリティ意識に直結します。経営者のセキュリティ意識が低い組織は、従業員のセキュリティ意識も同様に低くなります。経営者自らが、情報セキュリティに対する意識が高いと、間違いなく、従業員のセキュリティ意識は高くなります。経営者が情報セキュリティに大きな関心と意識を持っていることを組織全体に示し、組織内にも、同様の意識を芽生えさせることが重要です。

● 情報セキュリティに詳しくない場合

　心配いりません。情報セキュリティは、組織経営におけるリスク管理の１つです。リスク管理や危機管理は、経営者の専門分野と言えるのではないでしょうか。経営者は、さまざまな経営課題を解決してきたリスク管理の専門家です。

　経営者として重要なことは、セキュリティリスクを経営リスクとして捉え、適切なリスク対応を指示することです。情報セキュリティの具体的な対策の推進は、社内の担当者や専門家に任せてしまいましょう。担当者から、定期的に組織のリスクを報告させ、リスクを把握し、リスク対応を指示すること、リスクをコントロールすることが、事業責任者である経営者が行うべき役割です。

リソースを確保する！ 体制を整備する！

　ぜひ明確なチームを結成して、推進してください。また、自社の情報セキュリティは全従業員で守るという意識を根付かせるため、推進チームは情報システム部門だけではなく、各部門の責任者を巻き込んだ全社横断的な体制を構成してください。

　推進チームのトップにはもちろん組織のトップである事業責任者です。実務的な責任者は、情報セキュリティ部門の責任者を任命しましょう。どうしても、組織の中で情報セキュリティに精通したメンバーがいない場合は、外部の専門家や有識者に入ってもらい、情報セキュリティ部門の責任者をサポートするような体制を構築してください。

　情報セキュリティを推進するうえで、チームを結成し、必要な人員や役割・

責任を明確にすることは経営者の責務です。

サプライチェーンにも気を配る!

　情報の取り扱いは、自社の情報セキュリティさえ適切に管理していればよいというわけにはいきません。守るべき情報は、取引先や委託事業者と共有し、利用される場合もあるからです。

　外部に業務を委託する際には、自社の情報セキュリティを維持するためにも、自社で取り決めた情報セキュリティレベルと同じ水準のセキュリティ対策を、委託会社や取引先にも必ず求めるようにしましょう。

　業務委託を行う場合、会社間では「秘密保持契約（NDA注1）」が締結されますが、通常、会社の法務部門や管理部門などを窓口として締結することが多いため、現場の担当者はNDAの内容を認識せず、セキュリティの意識が低い場合があります。そのため、会社間で締結するNDAとは別に、「委託先チェックシート」（図11-1）などを活用し、自社が求める情報セキュリティ対策の基準を委託会社の業務責任者に示し、委託会社における情報セキュリティ対策の状況について確認しましょう。委託会社チェックシートは、インターネットで検索すると参考になるシートが見つかるので、自社の基準に合わせて作成し、委託会社のセキュリティ対策の確認に活用しましょう。

　委託会社のセキュリティ対策のが自社の求める水準を満たしていないときは、セキュリティ対策の基準を示して、必要な対策の実施を求めることが、自社の重要情報を守ることに繋がります。

情報収集と積極的な交流!

　サイバー攻撃は年々巧妙化し、情報セキュリティ対策も多様化しています。常に新しい情報にアンテナを張って、脅威動向を追いかけることが重要と言われますが、情報セキュリティの専門家でもないかぎり、次々に登場する新しい脅威や対策に関する情報を収集することは容易ではありません。

　そこで、情報セキュリティに関する情報収集は、セキュリティ事業者などが開催するセミナーやカンファレンスなどを活用するとよいでしょう。とくに、毎年秋ごろには、日本国内でも多くのカンファレンスが開催されます。また、

注1）Non-Disclosure Agreement。

図11-1：委託会社チェックシート（サンプル）

委託先チェックシート（例）	確認日	yyyy/mm/dd
【記入方法】	会社名	
業務の担当者は、委託先の評価を行う。なお、合格点に満たない業者に対しては改善要求を行う。	所 属	
※評価：済み：3点 ／ 予定：1点 ／ 未整備：0点　※合格条件：xx 点以上	確認者	

項番	内容	評価	備考
1.情報セキュリティに係る第三者認証の有無			
1-1	ISO/IEC 27001(ISMS)を取得している		
1-2	JISQ15001(プライバシーマーク)を取得している		
2.運用体制、規程類の組織的対策			
2-1	個人情報管理者を設置している		
2-2	情報セキュリティに関する基本方針やポリシー等を策定し、公表等を行っている		
2-3	規格に準じた文書を定め、運用している		
2-4	個人情報を定められた目的以外で収集・利用・提供・開示することを禁止している		
2-5	個人情報のライフサイクル（収集・受領から廃棄・返却まで）の自己点検を実施している		
2-6	定期的な監査を実施している		
2-7	個人情報（情報形態に関わらず）を持ち出すことを禁止している		
2-8	情報保管媒体の保管・利用は規程に従って実施している		
2-9	電子媒体を持ち出す（PC内への保存、媒体への保存等）際には、暗号化やパスワード設定を行い、閲覧制限を行っている		
2-10	書類や記録媒体を内蔵している装置の廃棄手順を定め、適切に処分している		
2-11	個人情報に関わる苦情・相談があった場合の手順を定めている		
2-12	情報セキュリティ事故が発生した場合の連絡体制がある		
2-13	情報漏洩や事件・事故が発生した際の対応を指導している		
3.環境、物理的対策			
3-1	入退室管理に関する規程を定めている		
3-2	建物の免震、耐震化している		
3-3	入退室の記録が取得し、定期的なチェックを実施している		
3-4	個人情報を取扱う機器・装置等は安全上の脅威（盗難・破損等）や環境上の脅威（火災・停電等）から保護している		
3-5	個人情報資産は、施錠可能なキャビネット等に施錠保管している		
4.技術的対策			
4-1	業務上必要な者だけが機密情報にアクセスできるように権限を設定している		
4-2	個人情報へのアクセスの監視を行っている（アクセス履歴の取得等）		
4-3	全てのサーバやパソコンにウィルス対策ソフトを導入している		
4-4	ネットワーク機器に設定している管理者用のユーザID／パスワードを適切に管理している		
4-5	ネットワーク内のネットワーク機器及びサーバに対して、定期的に脆弱性スキャン（ツールでのパッチの適用チェック、ポートスキャン等）を実施している		
4-6	パスワードのガイドライン（強度やシステム毎に異なるPW設定）を設け、セキュリティ慣行に従うことを従業員に要求している。		
4-7	離席する際は、パスワードロック付きの画面ロックを行うよう指導をしている		
4-8	利用している端末を廃棄する時は、ハードディスクのデータ削除してから廃棄、または物理的に破壊するよう指導している		
5.人的対策			
5-1	適用範囲内にて業務を行っているすべての要員に対して定期的な教育を実施している		
5-2	すべての従業員と守秘義務など契約書や誓約書を取得している		
5-3	就業規則等において機密情報の取扱いに関する規程等に違反した場合の懲戒処分が定められている		
5-4	個人情報の受渡しには授受の記録を残している		
5-5	外部の組織と情報をやり取りする際に、情報の取り扱いに関する注意事項について合意を取っている		
5-6	個人情報を送信する際に情報の暗号化、又は、パスワードロック等の秘匿化の措置を講じている		
5-7	雇用の終了または変更となった場合に、情報資産、アクセス権等の返却・削除・変更の手続きについて明確にしている		
6.委託関連（委託業務において、再委託されている場合に記入。再委託していない場合は各3点とする）			
6-1	再委託先選定基準を定め、手順に則った委託先を選定している		
6-2	業務の再委託先に対して、定期的なセキュリティ調査を実施している		

	合計	
	合格基準	
	合否判定	□合格　　□不合格

これらイベントでは、非常に多くの講演セッションがあり、説明が上手な講演者が、最新の脅威動向や対策の観点などをわかりやすくプレゼンしてくれます。数日間に渡って開催されるイベントもあるので、短時間に効率的に情報を収集することができます。

　日常的な情報セキュリティの情報収集を、現場の担当者に任せている組織も多いですが、ぜひ、経営者自ら、情報セキュリティの最新情報を収集する場に出かけていき、その場の雰囲気を感じることをお勧めします。

　また、経営者として、現場のセキュリティ担当者や社外の取引先、関係会社、委託会社、セキュリティ事業者などと、積極的に交流し、情報セキュリティに関する意見交換を行いましょう。インシデントは、いずれ発生します。インシデント対応においては、それまでの準備や訓練なども重要ですが、それらが有効に機能するかは、関係者間の日頃の情報共有や関係性が強く影響してきます。

　インシデント発生時に迅速な連携ができるよう、日常的に情報セキュリティに対する情報交換や課題を共有し、セキュリティ対応に対する意識のすり合わせや理解を深めておきましょう。

10-6：サイバーセキュリティ経営ガイドライン

　セキュリティリスクに対して、経営者が認識し、現場に指示すべきポイントをまとめたガイドラインが経済産業省などから出ています。

サイバーセキュリティ経営ガイドライン V2.0（経産省）

　このガイドラインでは、「経営者が認識すべき3原則」と「経営者が指示をすべき重要な10項目」が記載されています（図11-2）。セキュリティリスクは経営課題であり、経営者として認識すべきこと、実施すべきことが簡潔にまとめられているので、必ず一読してください。

図11-2：「経営者が認識すべき3原則」と「経営者が指示をすべき重要な10項目」

●経営者が認識すべき3原則
1：経営者は、セキュリティリスクを認識し、リーダーシップによって対策を進めること
2：取引先や委託先などのサプライチェーンも含めたセキュリティ対策を実施すること
3：関係者と日頃から適切なコミュニケーションを取ることで信頼関係を構築すること

●経営者が情報セキュリティを推進する責任者（CISOなど）に指示をすべき重要な10項目
1：サイバーセキュリティリスクの認識、組織全体での対応方針の策定
2：サイバーセキュリティリスク管理体制の構築
3：サイバーセキュリティ対策のための資源（予算、人材等）確保
4：サイバーセキュリティリスクの把握とリスク対応に関する計画の策定
5：サイバーセキュリティリスクに対応するための仕組みの構築
6：サイバーセキュリティ対策におけるPDCAサイクルの実施
7：インシデント発生時の緊急対応体制の整備
8：インシデントによる被害に備えた復旧体制の整備
9：ビジネスパートナーや委託先等を含めたサプライチェーンの対策および状況把握
10：情報共有活動への参加を通じた攻撃情報の入手とその有効活用および提供

出典：経済産業省、サイバーセキュリティ経営ガイドライン V2.0、
URL https://www.meti.go.jp/policy/netsecurity/mng_guide.html

その他の情報

次に挙げる資料も、経営課題としてセキュリティ対策を推進するうえでは、参考になる情報が記載されています。ぜひ活用してください。

・サイバーセキュリティ経営ガイドライン Ver 2.0実践のためのプラクティス集
URL https://www.ipa.go.jp/security/fy30/reports/ciso/index.html
・企業経営のためのサイバーセキュリティの考え方（NISC）
URL http://www.nisc.go.jp/active/kihon/pdf/keiei.pdf
・組織における内部不正防止ガイドライン（IPA）
URL https://www.ipa.go.jp/files/000044615.pdf

Appendix

参考資料

Appendix ①
フレームワーク、ガイドライン

A1-1：CIS Critical Security Control（CSC）

URL https://sans-japan.jp/resources/CriticalSecurityControls.html

URL https://www.cisecurity.org/wp-content/uploads/2017/03/CIS-CSC_
v6.1_Japanese_Final_r1.pdf

※NRIセキュアテクノロジーズ社による日本語の翻訳版

概要

The Critical Security Controls は、米国のCIS（Center For Internet Security）から公開されているドキュメントで、情報セキュリティ対策とその優先順位をベースラインとしてまとめられています。高度なサイバー攻撃を含めて、これまでに実際に発生しているサイバー攻撃を防ぐために有効であると考えられる「技術的なセキュリティ対策」に焦点があてられています。

サイバー攻撃から組織の重要資産を守るために、最低限、実施する必要がある技術的対策が優先順位を持って20個にまとめられています。なかでも、CSC1～CSC5は「Foundation Cyber Hygiene（基本サイバー予防策）」と呼ばれ不可欠な対策として、最初に実施すべき基本的な対策事項とされています。

項目ごとに必要な対策が具体的に記載されているため、サイバー攻撃に対する具体的な対策状況を確認する際に、非常に参考になるガイドラインです。自社の対策レベル（ベンチマーク）を設定し、対策状況の点検や技術的対策を推進することで、セキュリティ対策の大きな向上が期待できます。

活用が適している組織

・サイバー攻撃に対する組織の耐性力を評価したい組織
・サイバー攻撃に対する技術的対策を強化したい組織

表 A1-1：管理項目（CSC1〜CSC5は基本サイバー予防策）

項番	管理内容
CSC1	許可されたデバイスと無許可のデバイスのインベントリ
CSC2	許可されたソフトウェアと無許可のソフトウェアのインベントリ
CSC3	モバイルデバイス、ラップトップ、ワークステーションおよびサーバに関するハードウェアおよびソフトウェアのセキュアな設定
CSC4	継続的な脆弱性診断および修復
CSC5	管理権限のコントロールされた使用
CSC6	監査ログの保守、監視および分析
CSC7	電子メールとWeb ブラウザの保護
CSC8	マルウェア対策
CSC9	ネットワークポート、プロトコル、サービスの制限およびコントロール
CSC10	データ復旧能力
CSC11	ファイアウォール、ルータ、スイッチなどのネットワーク機器のセキュアな設定
CSC12	境界防御
CSC13	データ保護
CSC14	Need-to-Knowに基づいたアクセスコントロール
CSC15	無線アクセスコントロール
CSC16	アカウントの監視およびコントロール
CSC17	スキル不足を補うためのセキュリティスキル評価および適切なトレーニング
CSC18	アプリケーションソフトウェアセキュリティ
CSC19	インシデントレスポンスと管理

実施担当者

・情報システムの管理・運用を行っている責任者
・セキュリティ対策において技術的対策を推進する責任者

活用方法

●①各対策項目をリスト化

20の対策事項（コントロール）には、具体的な対応事項（サブコントロール）も記載されているので、まずは各対策項目をリスト化します。

CIS Controlが公開されている次のURLから、ユーザ情報（メールアドレス）を入力して登録すると、CIS CSCのリストをExcelファイルで取得できます。

URL https://learn.cisecurity.org/cis-controls-download

● ②自組織における対策レベルを定義

　サブコントロールの各項目には、「Foundational(基本的な対策)」と「Advanced(より高度なコントロール)」の目印があるので、まずは「Foundational」の項目は必須対応とし、「Advanced」の項目で基準とすべき項目があるかを選定するとよいでしょう。

● ③評価

　対策基準(ベンチマーク)が定義できたら、組織の中のシステムに対して評価します。部門や対象システムが多い場合は、近い分類ごとにカテゴリに分けて、カテゴリごとに評価を実施することを推奨します。

● ④必要なセキュリティ対策を検討

　対策が不十分な項目に対しては、コントロールの内容をよく確認し、必要なセキュリティ対策を検討します。CIS CSCのコントロールでは、サイバー攻撃に対する耐性向上のために優先順位が定義されているので、優先順位を参考にして対策を検討することが推奨されます。

活用における留意点

　対策項目(セキュリティコントロール)は20項目ですが、実際に取り組む場合はそれぞれのサブセットが複数あり、対応事項も具体的で技術的な内容となるため、すべての事項をやりきることは容易ではありません。そのため、本ガイドラインを基準として対策を推進する場合には、まずは対策事項の優先順位に従い、Foundationとして位置付けられているCIS1〜CIS5のみに対応のフォーカスを当てるなど、実施するスコープを調整しながら確認と対応を進めることを推奨します。

参考情報

・Download the CIS Controls V7.1（英語サイト）
　URL https://www.cisecurity.org/controls/

A1-2：Cyber Security Framework 1.1（重要インフラのサイバーセキュリティを改善するためのフレームワーク 1.1 版）

・Framework for Improving Critical Infrastructure Cybersecurity（CSF）Version 1.1
（米国国立標準技術研究所、National Institute of Standards and Technology；NIST）
日本語対話訳：**URL** https://www.ipa.go.jp/files/000071204.pdf
原文（英語）：**URL** https://nvlpubs.nist.gov/nistpubs/CSWP/NIST.
　　　　　　　CSWP.04162018.pdf

概要

Cyber Security Framework（CSF）は、重要インフラに対するサイバー攻撃の懸念が高まる中、2013年にオバマ大統領が発令した大統領令に基づいて、2014年にNIST（アメリカ国立標準技術研究所）によって発行されたサイバーセキュリティ対策に関するフレームワークです。

重要インフラに対するセキュリティの強化のために策定されたフレームワークですが、サイバーセキュリティ対策を考えるうえでの観点が多くの組織でも活用できるとして、広く一般企業でも参考にされています。日本では、IPA（独立行政情報処理推進機構）によって日本語訳が作成されて公開されています。

サイバーセキュリティフレームワーク（CSF）の機能やカテゴリは、実際のサイバーセキュリティの脅威をベースに作成されているため、各項目が専門的で難しい部分もあると思いますが、サイバー攻撃に対する自社のレベルを網羅的に確認・評価するには、非常に参考になるフレームワークです。

対策項目

サイバーセキュリティフレームワークは、5つの機能（識別、防御、検知、対応、復旧）で構成されており、各機能の中にカテゴリ、サブカテゴリが定義されています。

● 1.IDENTIFY（ID）：識別
　・資産管理（ID.AM）

・ビジネス環境（ID.BE）

・ガバナンス（ID.GV）

・リスクアセスメント（ID.RA）

・リスク管理戦略（ID.RM）

・サプライチェーンリスク管理（ID.SC）

● 2.PROTECT（PR）：防御

・アカウント管理、アクセス制御（PR.AC）

・意識向上およびトレーニング（PR.AT）

・データセキュリティ（PR.DS）

・情報を保護するためのプロセスおよび手順（PR.IP）

・保守（PR.MA）

・保護技術（PR.PT）

● 3.DETECT（DE）：検知

・異常とイベント（DE.AE）

・セキュリティの継続的なモニタリング（DE.CM）

・検知プロセス（DE.DP）

● 4.RESPOND（RS）：対応

・対応計画（RS.RP）

・伝達（RS.CO）

・分析 (RS.AN)

・低減（RS.MI）

・改善（RS.IM）

● 5. RECOVER（RC）：復旧

・復旧計画（RC.RP）

・改善（RC.IM）

・伝達（RC.CO）

活用が適している組織

・サイバーセキュリティに対する対策を網羅的に確認したい組織

・インシデント対応を行う組織の機能を評価および強化したい組織

実施担当者

・インシデント対応を行う組織の担当者

・CSIRT機能を担う組織の担当者

活用方法

Cyber Security Frameworkでは、組織の到達目標をティアという考え方で定義されています。識別（ID）のリスクマネジメント（ID.RA）に関するティアの定義は次のとおりです。

●ティア1：部分的である（Partial）
　・リスクの管理方法が定められておらず、場当たり的に対応している（または事後対応である）
　・対策の優先順位付けが、組織のリスクまたはビジネス上の要求事項に基づいていない
●ティア2：リスク情報を活用している（Risk Informed）
　・リスクの管理方法は経営層によって承認されているが、組織全体のポリシーとして定義されていない場合がある（リスク意識や取り組みは限定的で、組織全体として定義されていない）
　・対策の優先順位付けは、組織のリスクまたはビジネス上の要求事項に基づいて、直接伝えられている
●ティア3：繰り返し適用可能である（Repeatable）
　・リスクの管理方法は組織として正式に承認され、ポリシーや規定に定義されている
　・ビジネス上の要求事項の変化や、脅威や技術の変化に対して、定期的にリスク管理の方法を更新している
●ティア4：適応している（Adaptive）
　・最新のセキュリティ技術および過去の教訓を組み入れた継続的な改善を行い、巧妙化する脅威にタイムリーかつ効果的に対応している

　事業や情報資産に応じて、対策項目毎の到達目標（ティア）を設定することで、ベースラインが作成できます。自社における目標をプロファイルとして設定して、活用しましょう。

Appendix ❷
クラウドサービスの情報セキュリティ

A2-1：クラウドサービスの3形態

現在、クラウドで提供されるサービスは多様化していますが、サービス事業者が提供する情報システム（ハードウェアやソフトウェア）の範囲によって、**表A2-1**の3形態に分類されます。

表A2-1：クラウドサービスの3形態

名称	読み方	説明
SaaS (Software as a Service)	サース	会計アプリケーションやオフィスソフト、ファイルサーバなど、一般に利用されているアプリケーションソフトをWebサービスとして提供される
PaaS (Platform as a Service)	パース	OSやデータベース管理システムなどのミドルウェアが提供される。アプリケーションソフトは別途導入する必要がある
IaaS (Infrastructure as a Service)	イアース	仮想のサーバやメモリなどのハードウェアやネットワークなどのシステム基盤のみが提供される

A2-2：クラウドサービスの情報セキュリティ

クラウドサービスのセキュリティ事故は誰の責任？

クラウドサービスの登場により、システムやデータの利用は「所有」から「利用」に変わりました。これまで自社で保有していたデータに対するセキュリティリスクは、自社で対策を検討して対応すればよかったのですが、クラウドサービスを利用する場合はデータの保管場所はクラウドになります。

万一、自社のデータを蓄積しているクラウドサービスのセキュリティ対策がボロボロで、大切なデータが第三者に漏えいしたら、誰の責任になるのでしょうか。それは、当然、「情報漏えいを起こしたクラウド事業者の責任だ」と思う

図A2-1：クラウドサービスにおける責任共有モデル

オンプレミス	IaaS	PaaS	SaaS	
データ	データ	データ	データ	利用者責任
アプリケーション	アプリケーション	アプリケーション	アプリケーション	事業者責任
プラットフォーム	プラットフォーム	プラットフォーム	プラットフォーム	
OS	OS	OS	OS	
物理ハードウェア	物理ハードウェア	物理ハードウェア	物理ハードウェア	
ネットワーク	ネットワーク	ネットワーク	ネットワーク	
施設・電源	施設・電源	施設・電源	施設・電源	

かもしれませんが、実際はそうとも言えません。

　クラウドサービスの形態やサービス規約（約款）などによって異なりますが、クラウド事業者はサービス利用に対する一定の可用性の確保や保証はしていても、データ管理の責任まで追っていない場合もあります。クラウドサービスにおけるセキュリティは、サービスを提供する事業者と利用者の両社が、それぞれの役割や責任を分担して、責任を持ち合う「責任共有モデル」という考え方があります。

　図A2-1はクラウドサービスにおける責任共有モデルを図示したものです。アプリケーションをサービスとして提供するSaaSの形態であっても、データは利用者責任となっています。それ以外はサービス事業者の管理責任のため、利用者はサービス事業者の管理責任となる部分に対して関与することができません。

　クラウドサービスは便利で効率的なサービスですが、利用するクラウドサービスの情報セキュリティ対策はサービス事業者に依存することになります。

参考にできる手引きやガイドライン

　クラウドサービスは、提供される機能だけではなく、自社のデータがサービスの中でどのように取り扱われるのか、情報システムやデータ管理に対する責任範囲はどうなっているかなど、サービス規約（約款）やサービス事業者によるセキュリティ対策の取り組みなど、自社の情報セキュリティポリシーや要件、基準と照らし合わせて、慎重にサービスの検討や利用が必要になります。

　また、クラウドサービスを業務で活用する前に、クラウドサービス利用時に確認すべき事項を社内で整理し、必要な情報セキュリティ対策を満たしている

か、社員も確認できるようにポリシーやガイドラインを作成することも重要になります。

　クラウドサービスの利用に際して参考になる手引きやガイドラインが、インターネットで公開されています。自社の業務において、クラウドサービスの利用を検討する際には、次のガイドラインも参考にしてみてください。

・クラウドサービス安全利用の手引き（IPA）
　URL https://www.ipa.go.jp/files/000072150.pdf
・クラウドサービスを利用する際の情報セキュリティ対策（総務省）
　URL https://www.soumu.go.jp/main_sosiki/joho_tsusin/security/business/admin/15.html
・クラウドにおけるセキュリティサービスの効果的な管理のガイドライン（Cloud Security Alliance (CSA)）
　URL https://www.cloudsecurityalliance.jp/site/wp-content/uploads/2019/09/Guideline-on-Effectively-Managing-Security-Service-in-the-Cloud-06_02_19_J_FINAL.pdf
・クラウドセキュリティガイドライン 活用ガイドブック（経済産業省）
　URL https://www.meti.go.jp/policy/netsecurity/downloadfiles/cloudsec katsuyou2013fy.pdf

クラウドサービスのセキュリティ対策

　クラウドサービスのセキュリティ対策は、利用するサービスの内容や業務での活用方法に応じて、次の観点を考慮して検討しましょう。

● 検討すべきこと
・クラウドサービス事業者のセキュリティ対策を確認する
・自社のセキュリティ対策の基準を満たしたクラウドサービスであることを確認する
・情報の管理に対する責任範疇を把握し、自社で対応すべき対策を実施する
・次のクラウドサービス利用時の留意事項について確認し、自社の業務影響をよく検討する

● クラウドサービス利用時の留意事項

- ・サービスは、約款の範囲でしか提供されない場合がある
- ・約款の内容はサービス提供者側の都合で利用開始後に一方的に変更される可能性がある
- ・サービス時間とサポート時間が限られている場合がある
- ・サービス提供事業者から提供されるサービスレベルは可用性のみの場合が多い
- ・サービス提供事業者は、利用者による監査を基本的に受け入れない
- ・サービスのセキュリティポリシーが開示されない場合があり、組織の対策基準および規定を満たしているか判断が困難な場合がある
- ・バックアップや障害発生時の復旧等の実施内容やタイミングなど、情報システムの運用に関しては、約款に記載されていないことが多い
- ・バックアップするデータ形式が他の事業者のサービスに移行できない場合がある
- ・利用者側で情報のバックアップができない場合がある
- ・同一サーバ上で複数の業務（利用者）を実行しているケースでは、セキュリティ対策が十分に実行されていない業務の影響を受ける可能性がある
- ・同一サーバ上で複数の利用者が情報処理を実行しているため、別の利用者情報を盗み見し、別の利用者に成りすまして処理を行う可能性がある
- ・サーバ資源の利用者ごとの分割が不適切なことによる情報漏えいが発生する可能性がある
- ・情報の置き場所が特定の場所に固定されず、海外の法執行機関などによる予期せぬアクセスが行われることがある
- ・サービスを有期契約した場合、契約終了後の情報の取り扱い（確実な消去）が、不明瞭な場合がある
- ・サービス提供事業者の経営が破たんしたり、突然のサービス停止に陥った場合、預けた情報の行方は保証されず、損害賠償も支払われない場合がある
- ・サービス提供事業者の従業員が不正を行う可能性がある
- ・準拠法に外国法を指定される場合がある
- ・管轄裁判所に海外の裁判所を指定される場合がある

A2-3：クラウドサービスの選定時に参考になる認証

クラウドサービス事業者が、適切なセキュリティ対策を実施しているかを確認するうえで、参考になるクラウドサービス向けの認証や認定などの制度があります。

● ISO 27017（ISO/IEC 27002に基づくクラウドサービスのための情報セキュリティ管理策の実践の規範）

ISO/IEC 27001の追加認証であり、クラウドサービスに関する情報セキュリティ管理策のガイドライン規格。クラウドセキュリティに対する堅実な取り組みを対外的に示すため、クラウドサービス事業者に取得が望まれる認証です。

● ISO 27018（パブリッククラウド内で個人情報を保護するための実施基準）

ISO/IEC 27001の追加認証で、クラウドにおける個人データの保護に焦点を当てた国際的な実務規範。クラウドサービスで顧客情報を取り扱っている事業者に取得が望まれる認証です。

● SOC2（Service Organization Control／受託業務に係る内部統制の保障報告書）

SOC2は、米国公認会計士協会（AICPA）の保証業務基準およびSOC2ガイダンスに基づき、受託会社監査人によって、独立した第三者の立場から客観的に検証した結果が記載された保証報告書です。Trustサービスの5原則（セキュリティ、可用性、処理のインテグリティ、機密保持、プライバシー）のうち、1つ以上を選択して作成されます。

また、SOC2には、内部統制に関するセキュリティ設計や運用に関して記載されるため、事業者のセキュリティ対策の取り組みを把握するうえで参考になります。

● CSA STAR認証（Cloud Controls Matrix v3）

ISO/IEC 27001の追加認証として、クラウドサービスのセキュリティ成熟度を評価する認証サービス。STAR認証のベースは、CSA（米国クラウドセキュリティアライアンス）が開発したクラウドコントロールマトリックス（CCM）で、BSI（British Standards Institution, 英国規格協会）とCSAにより、CSA STAR認証が作成。CSA STAR認証では、システムの成熟度のレベルに応じた「ブロンズ」、「シルバー」、「ゴールド」のレベルが評価されます。

Appendix ③
情報セキュリティの主な対策

A3-1：ネットワーク対策

ファイアウォール（Firewall）

　ファイアウォールは、ネットワークの境界に設置され、組織の内部と外部の通信を監視・制御する技術または機能です。ファイアウォールという言葉は、外部ネットワークなどからの攻撃（火）を遮断する壁として、「防火壁」に由来しています。

　通信データの内容を識別し、アプリケーションレベルの詳細な制御ができるアプリケーションファイアウォールなどもあります。また、ネットワーク型のファイアウォールのほかに、システム上で稼働するホスト型のファイアウォールもあります。

IDS（Intrusion Detection System；侵入検知システム）／IPS（Intrusion Prevention System；侵入防御システム）

　保護したいシステムの経路上に設置され、保護対象宛の通信を監視します。OSやソフトウェアの脆弱性などを狙った攻撃や不正アクセスを検知・遮断する技術や機能を意味します。

　攻撃や不正アクセスを検知して、管理者へメールなどで通報する機能やシステムをIDS（侵入検知システム）、遮断してシステムを保護する機能やシステムをIPS（侵入防御システム）と呼びます。システム上で稼働するホスト型のIDS/IPSもあります。

WAF（Web Application Firewall）

　WAFは、Webアプリケーションを守るための専用ファイアウォール。Webシステムの手前に設置され、Webアプリケーションに対する攻撃を検知、防

御する技術や機能があります。

　IDS/IPSは、OSやミドルウェアを保護するのに対して、WAFは、Webアプリケーションの脆弱性を狙った攻撃からWebサイトを守ります。

URLフィルタリング

　URLフィルタは、組織のパソコンからインターネット上のWebサイトを閲覧する際に、閲覧可否を制御する機能です。

　Webサイトの種類に応じたカテゴリやURLごとによる制御などがあります。社内ポリシーに従い、社員に閲覧を許可するWebサイトやカテゴリを設定し、アクセスを制御します。

　また、マルウェア感染や不正が疑われるWebサイトへのアクセスを制御する機能を持つ製品やソフトウェアもあります。

UTM(Unified Threat Management)

　UTMは、ファイアウォールによる通信制御のほかに、ウイルススキャンやIDS（侵入検知システム）/IPS（侵入防御システム）、URLフィルタリングなど、複数のセキュリティ機能を統合的に持つ対策製品です。オールインワンで統合的な対策が可能で、これら統合的な機能を提供する製品は「UTMアプライアンス」と呼ばれます。

TLS/SSL

　TLS(Transport Layer Security)は、ネットワーク通信の内容を暗号化するプロトコルです。TLSの元になったSSLという名称が広く普及していることから、現在でもSSL (Secure Sockets Layer) と呼ばれることや、TLSとSSLが併記されることが多いです。

　TLSの最新バージョンは TLS 1.3。SSL1.0/2.0/3.0やTLS1.0/1.1には脆弱性が発見されているため、TLS1.2以上の利用が推奨されています。

A3-2：コンテンツ保護

ウイルス対策

パソコンやサーバなどで取得または侵入したファイルなどがウイルスでないか検査し、万一、ウイルスの場合は、駆除や隔離を行う機能や製品のことです。

ウイルス対策ソフトウェア会社から提供される定義ファイルを日々更新することで、既知のウイルスを検知することが可能になります。また、定義ファイルによる検知以外にも、プログラムの挙動（振る舞い）やファイル特性などから不正ファイルの検出や実行制御を行うウイルス対策製品もあります。

サンドボックス／動的解析

実行ファイルなどのプログラムを、保護された安全な領域（砂場、サンドボックス）で実行させることで、プロフラムの不正な挙動有無を検査する技術または製品のことです。安全な領域でプログラムを実行させることで、万一、不正なプログラムであっても、サンドボックス内で実行制御や削除などの対処を行うため、パソコンやサーバに被害は及びません。

メールフィルタリング

電子メールのコンテンツデータ（添付ファイルや本文、URLリンクなど）を検査し、万一、ウイルスの場合は、駆除や隔離を行います。

メール送受信を中継する経路に構成され、メールの送受信に関するポリシー（メールの宛先や本文内容などによる送受信の条件）を設定することで、メール配送を制御することが可能です。また、本文の内容などから、スパムメールを自動的に隔離し、受信者へ送付しない機能なども持っています。

暗号化

暗号化は、データへのアクセスを許可された人やシステム以外の第三者に読まれないようにするための技術です。暗号化／復号は、公開鍵暗号方式という技術が利用され、2つの異なる鍵を用います。1つの鍵で暗号化を行い、もう1

つの鍵で復号を行います。通信経路上の盗聴を防止するための「ネットワーク通信の暗号化」のほか、意図しない第三者による閲覧や情報漏えいを防ぐために、「ファイルの暗号化」やハードディスクやUSBデバイスなどの「デバイスの暗号化」などがあります。

DLP（Data Loss Prevention）

DLPとは、企業の機密情報やデータの外部漏えいを監視、防止する技術または機能です。データの内容を監視し、組織の管理者によって設定された外部提供のポリシーに従い、メールやWeb、USBデバイスなどによる外部送信の可否を制御します。

ネットワーク上に流れるデータを識別し、監視・制御を行うネットワーク型DLP、システム上のデータを監視・制御をするホスト型DLPがあります。

A3-3：システム対策

主体認証

情報システムを利用する主体が、その本人であることを検証する機能です。英語では、Authenticationといいます。

本人であることを検証する方法として「知識」「所有」「生体」の3つ情報が利用されます。知識はパスワードなど本人のみが知り得る記憶情報、所有は本人のみが持ち得る機器など、生体は指紋などの生体情報です。

二要素認証／多要素認証

システム利用時の主体認証の検証方法（知識、所有、生体）のうち、複数の要素を用いて主体認証を行う技術です。2つの要素を利用する場合は二要素認証、3つ以上を利用する場合は多要素認証と呼ばれます。二要素認証の例には、オンラインバンキングのログイン時にパスワード（知識）と専用デバイス（所有）で生成されるワンタイムパスワードや、銀行のキャッシュカード（所有）と暗証番号（知識）などがあります。

認可（権限管理、ロール管理）

　認証された利用者に対して、システムやデータの利用権限を設定して付与すること。英語では、Authorizationといいます。

　利用者は、認証後に付与された権限に応じて、情報の利用を制限されます。管理者権限や一般ユーザ権限など役割（Role）に応じて権限を分けることから権限管理やロール管理と呼ばれることもあります。

　システムの特権（管理上の最上位権限）を付与されたアカウントのことを特権ID（WindowsではAdministrator、Linuxではroot）と呼びます。

証跡（ログ管理）

　システムにおける操作履歴やアクセス履歴などを記録として残す機能です。また、記録されるファイルはログファイルと呼ばれます。

　認証ログであれば、いつ、誰が、どこからアクセスしたのか、ログイン成否の結果、などが記録されます。ログは、システム操作における正当性を証明するため（間違った操作が行われていないか）や、不正アクセスなどのインシデント発生時の調査などに活用されるため、適切に取得・保管することが重要です。また、ログファイルは、システムの稼働期間に応じて肥大化していくため、保存期間を定義して、一定間隔でログファイルをローテーション（古いログを削除）することが必要となります。

脆弱性診断／ペネトレーションテスト（侵入検査）

　システムやWebアプリケーションに対して、スキャニングや疑似攻撃など行い、脆弱性の有無や侵入可否を検査することです。

　脆弱性診断は、システム毎またはWebアプリケーション毎を検査対象とし、脆弱性の有無を検査します。また、ペネトレーションテストは、攻撃シナリオを設定し、実際のシステムへの侵入可否を包括的に検査します。

　脆弱性診断やペネトレーションにより、脆弱性が発見された場合は、ソフトウェアの更新やアプリケーションの改修などが必要となります。また、新たに発見される脆弱性への対応状況を確認するためにも、システムのリリース前の検査だけではなく、定期的な実施が推奨されます。

A3-4：運用管理・インシデント対応

資産管理

　パソコンやサーバなどのハードウェア情報、OS・ソフトウェア情報などについて、情報を整理して、管理しておくことです。

　管理情報には、ハードウェアの機種やCPUやメモリ、HDDなどのリソース情報やネットワーク情報、OSのバージョン、パッチ適用状況、ソフトウェアの名称やバージョン情報、利用者情報などが管理されています。これら情報を効率的に管理する資産管理製品などもあります。

　資産管理を適切に行うことで、脆弱性管理やインシデント発生時の迅速な調査に役立ちます。

SIEM(Security Information and Event Management)

　SIEMは、さまざまな機器やソフトウェアのログおよびセキュリティ製品の検知情報などを一元的に統合管理し、迅速な分析を支援する技術または製品のことです。

　日々収集される膨大なログ情報から、インシデントの兆候の検知や分析を支援します。また、複数システムからのログを突合・相関して分析するなど、単体製品のログだけでは把握が容易ではない事象の把握や脅威検出など、高度な分析を行います。

システムの冗長化／バックアップ

　システムの冗長化は、障害などによるサービス停止を回避するため、システムを複数台で構成し、可用性を確保することです。複数台で冗長することで、1台が停止しても残りのシステムでサービスを提供し続けることができます。

　また、バックアップは、システムの設定情報やデータの消失などに備えて、設定情報やデータの複製を作成・保管しておくことです。またはこれらデータのことを指します。システム障害やデータ消失時に、設定ファイルやバックアップデータから、システムを復旧することが可能になります。

デジタルフォレンジックス

　デジタルフォレンジックは、デジタル鑑識とも呼ばれ、パソコンやサーバなどに残る痕跡情報を収集・分析し、操作履歴などを明らかにする手段や技術のことです。

　犯罪捜査などにおける法的証拠（エビデンス）として実施されることや従業員のパソコンの利用履歴の調査やウイルス感染の原因調査、情報漏えいの調査などがあります。

EDR（Endpoint Detection and Response）

　エンドポイント（主にパソコンやサーバなど）におけるプログラムの実行や操作を監視し、不正活動の兆候や疑わしい活動などを検出、調査、対処するための機能や技術のことです。

　組織内におけるサイバー攻撃や不正などのインシデントを早期に検知・発見し、迅速な対応を支援します。

Appendix ❹
情報セキュリティに関するサービス・URL

A4-1：情報セキュリティサービスの利用

　情報セキュリティを任された担当者に悩みは尽きません。たとえば、次のような悩みをよく耳にします。

・社内で相談する人がいない
・インターネットや書籍で調べてみたが具体的な内容がわからない
・社内で対応できる人材がいない
・実施事項やその手法・内容が適切なのかわからず不安
・本来の業務があり、調べる時間、対策を進める時間がない　など

　情報セキュリティ対策を提供しているセキュリティ会社などへ相談することをお勧めします。

情報セキュリティ教育

　情報セキュリティ担当者のスキル向上や従業員向けの意識向上など、情報セキュリティに関する研修を相談できます。
　情報セキュリティ人材の育成や意識向上は、定期的に外部の専門家を講師として呼んで、最新の脅威動向や啓発活動、技術習得などを支援してもらいましょう。座学研修だけではなく、実践的な演習形式による研修を実施している事業者もあります。

脆弱性診断／ペネトレーションテスト（侵入検査）

　システムやWebアプリケーションなどの脆弱性の有無を調査してもらい、セキュリティリスクに対する対策のアドバイスや支援をもらうことができます。

　脆弱性診断は対象に応じて、いくつか種類があります。自社の製品やサービス、システムの状況に応じて、相談してみましょう。

・ネットワーク診断（プラットフォーム診断）
・Webアプリケーション診断
・CMS（WordPressなど）に対する診断
・スマートフォン診断
・無線LANに対する診断
・IoT機器等に対する脆弱性診断

　また、包括的にシステムの耐性評価を行うペネトレーションテスト（侵入検査）などもあります。

インシデント対応支援サービス（緊急対応支援サービス）

　インシデント対応において緊急性を求められ対応の支援などを相談することができます。インシデント対応には、専門的な知識や経験が必要で緊急対応が求められる場合もあるため、平時からセキュリティ会社と情報共有や依頼事項の確認などをしておくとよいでしょう。

デジタルフォレンジック

　マルウェア感染やサイバー攻撃による被害や原因調査、情報漏えいや社員の内部不正などに関する調査を相談することができます。デジタルフォレンジックは専門的な業務となるため、インシデント発生に備えて、あらかじめセキュリティ会社と依頼できることや緊急時に備えた準備などを確認しておきましょう。

情報セキュリティ監査

　情報セキュリティポリシーや関連規定、運用手順書などの遵守状況を確認するための監査業務を相談できます。自社で行う内部監査のほかに、定期的に外部の専門家に監査をしてもらうことで、専門的かつ客観的な観点での指摘や助言が期待できます。

情報セキュリティ対策製品の導入支援、運用支援

情報セキュリティ対策製品（システムやソフトウェアなど）を導入する際に、システムの導入や運用を依頼することが可能です。導入支援では、要件の定義から、設計、構築、動作試験、現地の設置作業などを担当してくれます。また、導入後のシステム運用に不安がある場合は、日々の運用業務を支援や代行してくれる事業者もあります。

情報セキュリティコンサルティング

情報セキュリティの推進や中長期計画の作成、社内の情報セキュリティポリシーや規程の作成や更新など、進め方や手法、実施支援などを専門家に相談することができます。また、日常的な情報セキュリティの相談や心配事、不安なことについても相談に乗ってもらえるセキュリティ会社もあります。

・ポリシー策定支援
・情報セキュリティの推進支援
・各種ガイドライン策定支援
・情報セキュリティシステムの調達支援
・セキュリティ体制整備支援
・セキュリティ対策計画の立案
・経営層やCISOの業務サポート
・情報セキュリティ関連の認証取得支援 など

A4-2：情報セキュリティ対策に役立つ情報

中小企業の情報セキュリティ対策ガイドライン（IPA）

URL https://www.ipa.go.jp/security/keihatsu/sme/guideline
中小企業にとって重要な情報を漏えいや改ざん、喪失などの脅威から保護することを目的とする情報セキュリティ対策の考え方や実践方法についてわかりやすく説明されています。

中小企業向けサイバーセキュリティ対策の極意（東京都産業労働局）

URL http://www.sangyo-rodo.metro.tokyo.jp/chushou/shoko/cyber/jigyou/
guidebook/

個人事業主を含む中小企業向けに、中小企業がサイバー攻撃について必ず行うべき対策やインシデントが発生した場合の初動対応などを、ストーリー形式でわかりやすく解説したガイドブックです。

サイトからPDFをダウンロード可能です。東京都内の中小企業であれば、10冊まで送料無料で提供してもらえます。

小さな中小企業とNPO向け情報セキュリティハンドブック Ver.1.00（平成31年4月19日）

URL https://www.nisc.go.jp/security-site/blue_handbook/index.html
URL https://www.nisc.go.jp/security-site/files/blue_handbook-all.pdf

サイバーセキュリティ経営ガイドライン [Ver.2.0] （経済産業省/IPA）

URL http://www.meti.go.jp/policy/netsecurity/mng_guide.html

ITに関するシステムやサービス等を供給する企業および経営戦略上ITの利活用が不可欠である企業の経営者を対象に、経営者のリーダーシップの下で、サイバーセキュリティ対策を推進するため策定されたガイドラインです。

組織における内部不正防止ガイドライン（IPA）

URL https://www.ipa.go.jp/security/fy24/reports/insider/

組織における内部不正を防止するために実施すべき対策として、10の観点（コンプライアンス、職場環境など）のもと30項目の対策を提示したガイドラインです。

情報セキュリティ対策ベンチマーク（IPA）

URL https://www.ipa.go.jp/security/benchmark/

情報セキュリティ対策ベンチマークは、設問に答えるだけで、自社のセキュリティレベルを他社との比較で診断することのできるシステムです。

脆弱性対策情報ポータルサイト
（IPA/JPCERTコーディネーションセンター）

URL https://jvn.jp/

日本で使用されているソフトウェアなどの脆弱性関連情報とその対策情報を提供している脆弱性対策情報ポータルサイトです。

情報セキュリティマネジメント試験（IPA）

URL https://www.jitec.ipa.go.jp/1_11seido/sg.html

情報セキュリティマネジメントの計画・運用・評価・改善を通して組織の情報セキュリティ確保に貢献し、脅威から継続的に組織を守るための基本的なスキルを認定する試験です。

SECURITY ACTION（IPA）

URL https://www.ipa.go.jp/security/security-action/

「SECURITY ACTION」は中小企業自らが、情報セキュリティ対策に取組むことを自己宣言する制度です。企業経営においても、IT活用による「攻め」と同時に、情報セキュリティによる「守り」が不可欠です。 身近なところから情報セキュリティ対策を始めましょう。

情報セキュリティ10大脅威（IPA）

URL https://www.ipa.go.jp/security/vuln/index.html#section9

その年に発生した社会的に影響が大きかったと考えられる情報セキュリティにおける事案から、IPAが脅威候補を選出し、情報セキュリティ分野の研究者、企業の実務担当者など約120名のメンバーからなる「10大脅威選考会」が脅威候補に対して審議・投票を行い、決定したものです。

映像で知る情報セキュリティ（IPA）

URL https://www.ipa.go.jp/security/keihatsu/videos/

情報セキュリティ上のさまざまな脅威と対策をドラマなどを通じて学べる映像コンテンツを紹介するWebページです。社内研修などにも活用ください。

Appendix 5
本書で使用する主な用語

● 情報セキュリティ

情報の機密性、完全性、可用性を維持すること。情報セキュリティとは、企業や組織の情報資産を機密性、完全性、可用性に関する脅威から保護し、維持すること。

● 機密性

許可された者だけが、秘密である情報にアクセスできること。情報にアクセスすることが認められた人だけを限定することで、情報の秘匿性を確保することできる。

● 完全性

保有する情報が、破壊・改ざん・消去されていないこと。情報に間違いがない状態、いわゆる情報の正確さおよび完全さを確保することである。

● 可用性

必要なとき、いつでも情報にアクセスし利用できること。情報の利用を許可された人が、「いつでも利用できる状態」を確保することである。

● サイバーセキュリティ

サイバーセキュリティは、情報セキュリティの一部で、サイバー空間の機密性、完全性、可用性の確保することを目的としたもの。 悪意ある攻撃者からの不正な活動（サイバー攻撃など）による被害を防止するために必要な対策を行うことが求められる。

● サイバー空間

コンピュータやインターネットのさまざまなデータ通信が行われる仮想的なネットワーク空間のこと。

● サイバー攻撃

悪意を持った攻撃者が、ネットワークを通じて情報資産の破壊活動やデータの窃取、改ざんなどを行うこと。特定の企業や組織、人を標的とする攻撃だけでなく、不特定多数を攻撃するなど、さまざまな攻撃形態がある。

- **情報セキュリティ対策**

　企業や組織で保有する重要な情報資産を守るため、また、情報セキュリティインシデントによる企業の事業継続への影響を最小限とするための手段。管理策ともいう。

- **セキュリティインシデント（セキュリティ事故、インシデント）**

　情報セキュリティは侵害された状態。セキュリティ侵害の事象（事件・事故）。「セキュリティ事故」や単に「インシデント」ともいう。

- **情報セキュリティマネジメントシステム**
  （ISMS：Information Security Management System）

　企業や組織内で情報の取り扱う際に、機密性、完全性、可用性を確保し、情報資産のセキュリティを管理するための仕組みのこと。情報資産のセキュリティを管理するため、企業や組織内で情報セキュリティに関する基本方針や体制、規定等を確立し、実施し、維持し、継続的に改善することを目的としている。

- **JIS Q 27001（ISO/IEC 27001）**

　ISMSの要求事項を定めた規格。企業や組織がISMSを確立し、実施し、維持し、継続的に改善するための要求事項をまとめたもの。日本工業規格（JIS Q 27001）は、国際規格であるISO/IEC 27001を翻訳し、定められたものである。

- **JIS Q 27017（ISO/IEC 27017）**

　クラウドサービスにおけるISO/IEC 27002に基づく 情報セキュリティの実践的なガイドラインとして提示された規格。

- **ISO/IEC 27032**

　サイバーセキュリティにおける情報セキュリティの実践的なガイドラインとして提示された規格。

- **情報資産**

　事業継続や事業成長のために欠かせない事業の根幹となる資産のこと。情報資産には、紙媒体である書類や電子データなどの「情報」だけではなく、情報を生成・保管・処理・利用する「情報システム」も含めて考える。

- **脅威**

　情報資産に対して損害を与える可能性がある事象や要因のこと。脅威には、「環境的脅威」と「人為的脅威」がある。

● 環境的脅威

災害（地震、洪水、台風、落雷、火事、など）の脅威のこと。

● 人為的脅威

悪意を持った人が目的をもって実行する「意図的脅威」と、とくに意図がなく無意識や注意不足から発生する「偶発的脅威」がある。意図的脅威とは、悪意を持った攻撃者による不正行為（不正侵入、ウイルス、改ざん、盗聴、なりすましなど）のこと。偶発的脅威とは、人為的ミス（ヒューマン・エラー）、障害のこと。

● 脆弱性

脅威に対して、情報資産が侵害や影響を受けやすい状態（脆くて壊れやすい状態）のこと。リスクを発生させる原因。脆弱性の種類は、技術的脆弱性、組織的脆弱性、人的脆弱性、物理的脆弱性がある。

● リスク

守るべき情報資産に対して「悪い事象が起こる可能性」のこと。脅威が脆弱性を悪用して、情報資産に対して損失または損害を与える可能性を指し、「情報資産」「脅威」「脆弱性」のそれぞれが作用することで、リスクが発生する。

● リスクマネジメント

情報セキュリティにおいて、リスクを管理する一連のプロセスのこと。リスクマネジメントは、「リスクアセスメント」と「リスク対応」で構成される。

● リスクアセスメント

「リスクの特定」「リスクの分析」「リスクの評価」の3つのプロセスのこと。リスクアセスメントの手法として、「非形式的アプローチ」「ベースラインアプローチ」「詳細リスク分析」「組み合わせアプローチ」がある。

● リスク特定

リスクを発見・認識するプロセス。特定したリスクを記載することも含める。リスクを発見・認識するというのは、脅威の特定と脆弱性の確認のことを指す。

● リスク分析

リスクの性質を理解し、リスクの大きさを算出するプロセス。リスクの性質とは、リスクの発生可能性や発生した場合の影響度など、リスクの大きさを判断するための要素である。

● リスク評価

優先的に対応が必要なリスクを判断できるように、算出されるリスクの大きさを分類すること。リスクを決める3要素は「資産」「脅威」「脆弱性」で、各要素の大きさによってリスクの大きさを算出する。

● 非形式アプローチ

担当者や専門家の知識・経験に基づいて、リスクを評価（認識）する手法。業務に精通している担当者や専門家がいる場合には、短時間でリスク評価が行えるが、個人の主観や偏見に影響され、客観的な分析ができない懸念がある。

● ベースライン分析

ベースラインアプローチは、組織におけるセキュリティ対策に対して、一定の基準（ベースライン）を設定し、実施有無（対策有無など）を確認する手法。ベースライン分析で定義する対策項目などを、セキュリティ対策に関するガイドラインや対策基準を選定ことが必要である。

● 詳細リスク分析

詳細リスク分析は、組織における情報資産を洗い出し、それらに対する「脅威」と「脆弱性」を識別することで、情報資産ごとのリスクを評価する手法。情報資産の洗い出しやリスク特定などに時間や労力がかかるが、守るべき情報資産の価値やリスクの大きさに適したセキュリティ対策を検討できる。

● 組み合わせアプローチ

組み合わせアプローチは、複数の分析手法を組み合わせて、効率的にリスク分析を行う手法。

● リスク対応

リスクアセスメントの後、リスクに対する対応方策と実施のプロセスをまとめること。リスク対応は、主に「リスク回避」「リスク保有（受容）」「リスク移転（転嫁）」「リスク低減」の4つに分類される。

● リスク回避

リスクの発生要因を取り除くこと。リスクの要因となる事業の停止、別の事業へ切り替えるなど、リスクが発生する要因を取り除くことを指す。

● リスク保有（受容）

セキュリティ対策は行わず、認知しているリスクとしてリスクを保有すること。リスクによる影響度が小さく、また発生頻度も少ない場合に適用される。

●リスク移転（転嫁）

リスクを他者へ移して（転嫁して）備えること。サイバーセキュリティ保険などが該当する。

●リスク低減

残存する脆弱性に対して、情報セキュリティ対策を行うことで、脅威の発生可能性を低減すること。

●残存リスク（残留リスク）

リスク対応の後、リスクは完全にゼロにすることができず残っているリスク。

●クラウド／クラウドサービス

データやソフトウェアをネットワーク経由で提供するサービス。企業や利用者は、Webブラウザなどを利用して、さまざまなサービスを活用することができる。クラウドサービスの利用形態は「SaaS」「PaaS」「IaaS」などがある。

●SaaS（サース／Software as a Service）

インターネット経由でソフトウェアが提供されるサービス。利用者は、パッケージ製品を購入せず、クラウド環境のソフトウェアの機能を活用することができる。会計アプリケーションやオフィスソフト、ファイルサーバなどのサービスが該当する。

●PaaS（パース／Platform as a Service）

インターネット経由でプラットフォーム（ソフトウェアの開発基盤）が提供されるサービス。アプリケーションソフトなどのプログラムだけを用意すればすぐに活用ができる。アプリケーションを開発するためのOSやデータベース管理システムなどのミドルウェアが該当する。

●IaaS（イアース／Infrastructure as a Service）

インターネット経由で、ハードディスクや仮想サーバ、ファイアウォール、ストレージ、ネットワークなどハードウェアやインフラ機能の提供を行うサービス。

●個人情報

生存する個人に関する情報であって、氏名や生年月日等により特定の個人を識別することができるもの。他の情報と容易に照合することができ、それにより特定の個人を識別することができることとなるものも含む。

● 標的型サイバー攻撃

特定の企業や組織を狙って行われるサイバー攻撃。「標的型サイバー攻撃」のほか、不特定多数を狙った「無差別型サイバー攻撃」がある。攻撃者は、マルウェアを添付した電子メールを送り付けて、ウイルスに感染させ、持続的に潜伏し、情報を盗み出すことを目的とすることがある。標的型サイバー攻撃はAPT攻撃（Advanced Persistent Threat）と呼ばれている。

● DoS攻撃／DDoS攻撃（Distributed Denial Of Service）

標的となるシステムに対して大量のデータ（通信トラフィック）を送り、システムやサービスの稼働を妨害する攻撃。大量の妨害通信によって、通常の利用者は、対象のシステムやサービスへアクセスできなくなる。

● ブルートフォース攻撃（Brute-force attack）

暗号や暗証番号などで、考えられる全てのパターンを入力し解読する総当たり攻撃。4桁の暗証番号の場合、0000から9999までを解読するまで行う手法。

● フィッシング（Phishing）

銀行やクレジットカード会社などを装った電子メールを送りつけ、銀行口座番号、クレジットカード番号などの個人情報を詐取する行為。電子メールのリンクから偽サイト（フィッシングサイト）に誘導し、個人情報を入力させる手口が一般的である。

● ソーシャルエンジニアリング（social engineering）

人間の心理的な隙や、行動のミスにつけ込んで秘密の情報を入手する手法。のぞき見、なりすまし、フィッシングメールや標的型サイバー攻撃などが該当する。

著者紹介

佐々木 伸彦（ささき のぶひこ）

1977年、東京都町田市生まれ、青山学院大学卒。B型。

ストーンビートセキュリティ株式会社、代表取締役。

国内大手SIerにて、セキュリティ技術を中心としたシステムの提案、設計、構築などに10年ほど従事。2010年に外資系セキュリティベンダーへ入社。セキュリティエバンジェリストとして脅威動向や攻撃手法の調査・研修、普及啓発に尽力したのち、2015年にストーンビートセキュリティを設立。2016年から外務省最高情報セキュリティ責任者（CISO）補佐官を務める。ストーンビートセキュリティを率いる経営者のかたわら、ペネトレーションテストやセキュリティコンサルティング、トレーニング講師など幅広く活躍中。国内で開催されたCTFでの優勝経験やペネトレーションテスト（侵入検査）のスキルを試すHack The BoxでHacker称号を持つ。CISSP、CISA、GCFA、LPIC-3 Security。著書に『【イラスト図解満載】情報セキュリティの基礎知識』（技術評論社）などがある。

ストーンビートセキュリティ株式会社（Stonebeat Security, Inc.）

ストーンビートセキュリティは、安心して利用できる情報社会を実現するため、情報セキュリティ人材の育成や対策支援サービスなど、人や組織に根ざした幅広いセキュリティ対策を提供する情報セキュリティの専門家集団です。

URL https://www.stonebeat.co.jp/

●装丁
　木下春圭（株式会社ウエイド）
●本文デザイン／レイアウト
　朝日メディアインターナショナル株式会社
●編集
　取口敏憲

■お問い合わせについて
　本書に関するご質問は、本書に記載されている内容に関するもののみとさせていただきます。本書の内容と関係のないご質問につきましては、いっさいお答えできませんので、あらかじめご了承ください。また、電話でのご質問は受け付けておりませんので、本書サポートページ経由かFAX・書面にてお送りください。

<問い合わせ先>
●本書サポートページ
　https://gihyo.jp/book/2020/978-4-297-11149-6
　本書記載の情報の修正・訂正・補足などは当該Webページで行います。

●FAX・書面でのお送り先
　〒162-0846
　東京都新宿区市谷左内町 21-13
　株式会社技術評論社　雑誌編集部
　「中小企業のIT担当者必携 本気のセキュリティ対策ガイド」係
　FAX：03-3513-6173

　なお、ご質問の際には、書名と該当ページ、返信先を明記してくださいますよう、お願いいたします。お送りいただいたご質問には、できる限り迅速にお答えできるよう努力いたしておりますが、場合によってはお答えするまでに時間がかかることがあります。また、回答の期日をご指定なさっても、ご希望にお応えできるとは限りません。あらかじめご了承くださいますよう、お願いいたします。

中小企業のIT担当者必携 本気のセキュリティ対策ガイド

2020年2月5日　初版　第1刷発行

著　者　佐々木伸彦

発行者　片岡　巌
発行所　株式会社技術評論社
　　　　東京都新宿区市谷左内町 21-13
　　　　TEL：03-3513-6150（販売促進部）
　　　　TEL：03-3513-6177（雑誌編集部）
印刷／製本　日経印刷株式会社

ISBN978-4-297-11149-6　C3055
Printed in Japan